最新实用奶牛饲养与疾病防治丛书

奶牛繁殖疾病及现代繁殖技术

温集成　温鸿仲　编著

内蒙古出版集团
内蒙古人民出版社

图书在版编目(CIP)数据

奶牛繁殖疾病及现代繁殖技术 / 温集成, 温鸿仲编著. -- 呼和浩特 : 内蒙古人民出版社, 2014.11
(最新实用奶牛饲养与疾病防治丛书)
ISBN 978-7-204-13258-4

Ⅰ. ①奶… Ⅱ. ①温… ②温… Ⅲ. ①乳牛 - 家畜产科 - 牛病 - 防治 Ⅳ. ①S858.23

中国版本图书馆 CIP 数据核字(2014)第 283401 号

奶牛繁殖疾病及现代繁殖技术

作　者	温集成　温鸿仲
责任编辑	王世喜
责任校对	李向东
装帧设计	朔羽文化
出版发行	内蒙古出版集团　内蒙古人民出版社
地　址	呼和浩特市新城区中山东路 8 号波士名人国际 B 座
印　刷	内蒙古爱信达教育印务有限责任公司
开　本	880×1230　1/32
印　张	8
字　数	200 千
版　次	2015 年 1 月第一版
印　次	2015 年 1 月第 1 次印刷
印　数	1-5000 册
标准书号	ISBN978-7-204-13258-4/S·225
定　价	26.00 元

联系电话:(0471)3946230　3946120
网址:http://www.nmgrmcbs.com

《最新实用奶牛饲养与疾病防治丛书》

序

改革开放以来,我国养牛业迅速发展,目前已成为世界第四大养牛大国,特别是奶牛养殖业和乳业发生了根本性变化,走上了快速发展的道路。据有关资料记载:2009 年,我国有奶牛 1260.33 万头,产牛奶 3732.6 万吨,世界排名第三位,仅次于美国和印度。但是奶牛单产排名仅为五十八位,沙特阿拉伯第一位,平均每头奶牛一个奶期产奶 14964 千克,美国为 9343 千克,中国为 2834 千克,人均牛奶占有量差距更大,2009 年人均占有奶量 28 千克。由此可以看出,我们要赶上世界养牛先进国家,任重而道远。

同时,随着奶牛养殖业的发展,奶牛疫病控制也正面临新的考验和挑战。不断出现新疫病,不断复发旧疫病,严重危害着畜牧业生产,同时有些人畜共患病也在传播,既影响国际贸易信誉,还危害到人民身体健康,这就要求我们在生产中保护人畜安全,生产无公害安全奶,供应市场。

当前,我国社会主义经济正在进入一个新的发展时期,农牧业中的奶牛业正在向集约化、科学化转型升级。最近国家把食品安全提到重要位置,出台了一系列政策措施。为提高乳和乳制品的质量与公信度,要求实施奶牛标准化饲养和可追溯的标识技术。

为了适应我国奶牛发展的大好形势,我们编著了此套丛书。

本丛书共分六册,内容主要包括:奶牛标准化、无公害饲养管理技术;规模化奶牛养殖场、农民养殖小区的建设与管理;奶牛养殖企业的行政管理、生产管理、技术管理、财务管理;奶牛围产期疾病的防治技术;奶牛流行病、寄生虫病、中毒病、代谢病的防治;奶牛乳房疾病及犊牛常见病防治;奶牛繁殖障碍病的防治及现代化奶牛繁殖技术的应用;奶牛最新常用药物及部分相关的法律法规。

同时,为了适应规模化、规范化办企业的需要,增设了科学建场、科学管理、投资决策、风险控制、产品创新等内容。所以本丛书不仅是奶农的科普读物,也是从事奶牛养殖、投资办场、企业管理和奶牛疾病医疗人员的指导用书。丛书内容广泛,通俗易懂,图文并茂,理论紧密结合实际。

本书按照生态学的观点,阐述现代生态养牛有关现代技术,力争做到内容的先进性、科学性、实用性与可操作性,为生态、高效养牛提供技术支持。

作者

2014 年 10 月

《奶牛繁殖疾病及现代繁殖技术》

内容简介

奶牛繁殖障碍（不孕不育症）是困扰奶牛养殖业的一大难题。繁殖障碍发生的原因很多，主要由饲养、遗传、疾病、管理等多种因素造成，解决起来比较困难。

本书从多方面分类分析了奶牛不孕不育症的发病原因，发病机制，从而采取不同的防治措施。首先是从饲养管理入手，对症治疗。积极治疗生殖道疾病，激素分泌紊乱性疾病，减少因生殖道疾病造成的繁殖障碍；正确选种选配，正确实施人工受精技术，减少人为因素造成的繁殖障碍；及时处置，规避先天性不孕不育的损失。

本书从繁殖生理，妊娠生理，发情鉴定，妊娠检查等正常繁殖过程开始，为认识、发现、防控病态繁殖、不孕不育打基础，为培育、发展、建立正常繁殖能力开拓思路，进一步为防治各种奶牛不孕不育病症采取先进的防治措施。

在防治措施中以加强科学合理的饲养管理为主，及时采用药物治疗。在药物治疗方面重点介绍了多种中药治疗方剂；从饲养角度介绍了微量元素缺乏性繁殖障碍病，以提醒饲养者重视奶牛日粮中维生素、微量元素等营养物质的正确供应。

第二个主要内容是现代繁殖技术。

冷冻精液人工受精技术发展很快,在20世纪80年代使用冻精颗粒、解冻液、玻璃管输精器、开腔器输精;现在使用的是冻精管、输精枪、一次性塑料套、直肠把握输精。配种员背一个小型液氮罐,一早上跑十几家,方便、快捷,交叉感染率低,配种受胎率高,已成为一项普及成功的新型繁殖技术,告别了传统的本交方式。

为了提高冷配人员的技术水平,帮助饲养人员正确认识并应用奶牛冷配技术,书中对奶牛冷配技术作了较详细的介绍。

奶牛冻精人工受精技术是成功的,但其他家畜的冻精人工受精技术尚待提高。

现代繁殖技术还包括胚胎移植、动物克隆、转基因技术,以及与之配套的同期发情、超数排卵、胚胎性别鉴定、性别控制等多项新发展起来的繁殖技术。由于新型繁殖技术的应用,使远距离配种、选种成为现实,甚至可以从不同国家选购良种胚胎,而不是长途运输、选购种公牛。为奶牛养殖企业更新品种、提高质量、增加产量,创造了简便易行的良好条件。书中详细介绍这些技术内容,目的就是提高奶牛场、户对应用新技术的认识与积极性。这些新型高端技术,科学性、严肃性很强,不是随便拿来就能用。企业或个人应慎重选用,以免造成不必要的损失。

笔者1983年在北京农业大学参加全国仔畜下痢研讨会期间,初次学习、认识了微生物单克隆技术。到1996年世界第一个克隆羊出生了,接着中国首创克隆牛也成功了,内蒙古大学成功培育出试管绵羊。繁殖技术发展之快,生物技术应用之广始料未及。为此我们书中较多较全面地介绍现代繁殖技术,使从业人员了解现代繁殖技术,应用现代繁殖技术,解决奶牛繁殖障碍病造成的负面影响。立足本职、放眼全国，为尽快提升我国奶牛品质、奶产量积极采用新型先进的科学技术。

本书第三个内容是奶牛流行病与寄生虫病。

奶牛流行病分为细菌性、病毒性以及非生物单体的蛋白朊传染病。疯牛病是当今世界新型传染病，在我国尚未发现，但在海关、养牛地区密切监视。每年分批分次分区随机取牛脑检查脑内海绵状病变区。

对传染病的政策是“防重于治，重在预防”。书中对每种传染病的预防措施作了详细介绍。对传染病的预防措施主要有疫苗免疫、环境消毒、病畜消毒处理、封锁隔离、终末消毒等。

更重要的是防疫制度化，按时注射疫苗，按时对环境等进行消毒。本书中分别制定了规模奶牛场和奶牛养殖小区的防疫制度，在实际执行中，效果较好，贵在坚持。

如有疫病流行时，积极配合有关部门搞好疫病防控与消灭工作。寄生虫病分为血液寄生虫病、消化道等脏器的内寄生虫病和外寄生虫病。寄生虫广泛存在，在不同地区、不同奶牛场发病情况、侵袭程度不同。凡养奶牛的场、户都要重视经常性的驱虫工作，每年进行 1～2 次。

寄生虫病造成的经济损失往往具有潜在性，其损失很大，不可轻视。

目　录

第一章　奶牛妊娠生理

在讲奶牛不孕症之前，我们先了解一下奶牛正常的受精、怀孕的生理过程，从而进一步分析奶牛不孕不育的病理过程以及防治技术。

第一节　母牛繁殖生理

一、性激素的产生与作用

奶牛性器官的发育、性活动、排卵、妊娠都受内分泌激素的控制，激素分泌量以及某种激素的有无直接影响排卵、受精、妊娠的全过程。

(1)垂体促性腺激素

垂体前叶分泌三种蛋白质激素：一为促卵泡成熟激素(FSH)，它作用于卵泡使卵泡生长，并产生更多量的雌性激素；二为促黄体生成激素(LH)，它引起卵泡的破裂和卵子的释放(排卵)，并促使卵巢中暂时性内分泌器官——黄体的形成；第三种是生乳激素。FSH 和 LH 在促进卵泡生长和排卵时起协同作用。单纯的促卵泡成熟激素能引起卵泡生长，但不能引起排卵。在给促卵泡成熟激素时添加促黄体生成激素引起卵泡生长明显加快，卵巢重量明显增加;单独给予促黄体生成激素,不足以引起排卵和黄体形成。这种协同作用说明,我们在判定因某种激素缺乏而形成的不孕时也要考虑到它们的协同问题,不一定缺什么给什么就能起到理想的治疗作用。

(2)卵巢激素

卵巢激素是卵巢在促性腺激素作用下而分泌产生的,它产生三种激素,属于类固醇的有雌性激素和孕激素(雌激素由生长在卵泡周围的卵泡内膜细胞产生,孕酮是由黄体产生),第三种是松弛素。

雌性激素具有使阴道、子宫等正常发育,维持正常的发情周期以及第二性征的发育等很多的生理效能。牛对雌性激素很敏感,例如在两天里,每天注射0.25毫克合成的雌性激素乙烯雌酚就可以使400千克重的去卵巢青年母牛发情。

(3)丘脑下部对促性腺激素分泌的控制

丘脑下部对垂体前叶的控制有两种方式:①神经元直接参与排出释放因子,②释放因子的控制系统。垂体分泌促性腺激素是受丘脑下部控制,而丘脑下部的活动又是受更高一级的中枢神经体液系统控制,因此许多环境因素通过奶牛的感官系统对激素的分泌产生影响。在控制生殖机能的丘脑下部以外的结构中,中枢神经的边缘系统的作用最为显著。边缘系统包括两个部分,即皮质下边缘区及中脑边缘区,前者以杏仁体基底部及海马对丘脑下部控制生殖机能最密切。嗅觉刺激在控制哺乳动物的生殖活动方面起着重要作用,这也是皮质边缘系统的另一种调节作用。如雌性个体的性气味可以刺激雄性个体的交配行为。

这就是说母牛的性行为、性活动是受神经体液系统和高级神经系统的控制、调节。从实践意义上看,人类的工作就是要多方面创造条件以促进母畜正常的或高效的生殖活动，繁殖更多的、理想的健康后代。

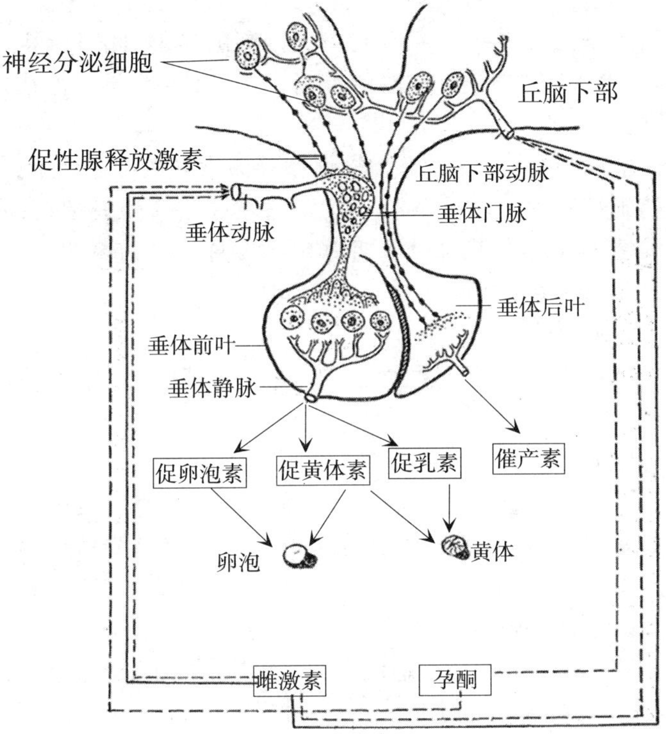

图 1-1 丘脑下部、垂体和几种生殖激素的相互关系示意图

→表示“正反馈作用”（或刺激作用）
…→表示“负反馈作用”（或抑制作用）

二、性机能的发育阶段

母牛的性机能发育过程一般分为初情期、性成熟期和繁殖停止期三个阶段。

(1)初情期

初情期是指母牛初次发情或初次排卵的年龄,此时母畜虽有发情表现,但不完全成熟,发情期也不正常,其生殖器官正在发育中、生长中。

到初情期,垂体前叶才开始把促性腺激素释放到血液中,刺激生殖道的生长和发育。母畜第一次发情往往是安静发情,只有排卵没有发情表现。母牛的初情期为 6 ~ 12 月龄。初情期与品种、气温、营养等因素有关。

(2)性成熟期

此时母牛生殖器官已发育完全,具有繁殖能力,称为性成熟期,但身体的生长发育尚未成熟。

母牛性成熟期为 8 ~ 14 月龄。

优质奶牛初配适龄为 15 月龄,体重达 350 千克。这两个条件必须具备,如果体重不到 350 千克以上,说明身体营养状况尚不适于配种。

(3)繁殖能力停止期

母牛的繁殖能力有一定的年限,年限的长短因品种、饲养管理及健康状况不同而异。一般母牛繁殖能力停止期在 15 岁左右。

三、卵子的发生及卵泡的发育

(1)卵子的发生

卵原细胞于胎儿出生前或出生后不久,增殖成为卵母细胞,首先是发育成初级卵母细胞,此时卵泡细胞也通过有丝分裂而增殖,卵泡细胞作为营养细胞,为卵母细胞提供营养物质。第一期卵母细胞与卵泡细胞同步发育,卵泡在开始形成空腔时达到成熟体积。第二期卵母细胞体积并不增大,但卵泡受垂体激素的影响其直径增长很快。

初级卵母细胞经过两次成熟分裂,次级卵母细胞分裂为卵细胞和一个极体(第二极体),牛、绵羊的卵子在排卵时只完成第一次成熟分裂,当卵泡成熟分裂时放出次级卵母细胞和一个极体,排卵时次级卵母细胞开始第二次成熟分裂。直到精子进入透明带,卵母细胞被激活后产生第二极体,这时第二次成熟分裂才算完成。一个初级卵母细胞仅成熟为一个卵子。

(2)卵泡的发育

当母牛到初情期后,卵巢上的原始卵泡便开始发育,通过几个阶段的发育而达到成熟。即由初级卵泡发育成次级卵泡,由次级卵泡发育成生长卵泡,最后发育成为成熟卵泡。

初级卵泡是由卵母细胞和排在卵母细胞周围的一层卵泡细胞所组成,它排列在卵巢皮质的外周。成熟卵泡达到卵巢整个厚度,甚至突出于卵巢表面,此时具有了卵泡膜。

母牛每个发情期成熟卵泡只有一个。它的直径为 12 ~ 19 毫米,母牛到成年时有 2500 个卵泡,其中有些是闭锁卵泡,闭锁卵泡中的卵母细胞在不破裂的卵泡中退化,在卵巢中消失变为疤痕。

卵子的大小:牛一般为 120 ~ 160 微米。

卵子的结构:卵子由放射冠透明带、卵膜、卵黄、卵黄膜等组成(见图 1 –2)。

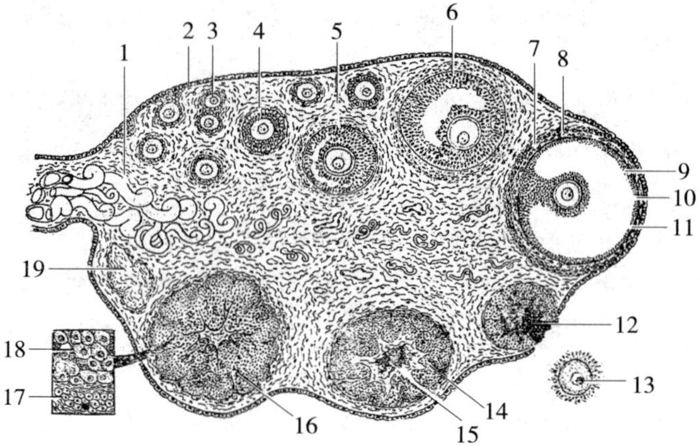

图 1－2　卵巢结构模式图

1. 血管　2. 生殖上皮　3. 初级卵泡　4. 早期生长卵泡
5、6 生长卵泡　7. 外膜　8. 内膜　9. 颗粒膜
10. 卵泡腔　11. 卵丘　12. 血体　13. 排出的卵
14. 黄体细胞　15. 凝血　16. 黄体　17. 膜黄体细胞
18. 颗粒黄体细胞　19. 白体

(3)奶牛发情周期

奶牛到了初情期以后,生殖器官及整个有机体发生一系列的周期性变化,这种变化周而复始,直到性机能活动停止的年龄为止。这种周期性的性活动称为发情周期。

牛一个发情周期为 21 天,是从这次发情开始到下一次发情开始的间隔时间。

发情周期的机制：母牛发情周期主要受神经和激素的控制，光照、温度、营养、季节等外界因素也起一定影响作用。

神经激素调节方式主要是：丘脑下部的一些神经纤维分泌促性腺激素释放激素，沿垂体门脉循环到脑下垂体前叶调节前叶促性腺激素的分泌。垂体前叶分泌的促卵泡素进入血循到达卵巢，刺激卵泡发育，同时促黄体素也由垂体分泌到血液中，促卵泡素与促黄体素二者协同作用，促进卵泡发育，并分泌雌性激素，这些雌性激素由血液循环到达大脑皮质引起一系列的发情表现。

当卵泡发育到一定程度时，在促黄体素的作用下，引起卵泡破裂排卵。排卵后黄体素仍继续起作用，使卵泡的颗粒层细胞转变为分泌孕酮的黄体细胞而形成黄体。当孕酮分泌达到一定量时，对丘脑下部和垂体前叶起负反馈作用，抑制垂体前叶分泌促卵泡素，卵泡不再发育，母畜停止发情。

四、受精过程

一个生理成熟的卵子与精子相遇结合，形成一个新的细胞结合子，就称之为受精。

受精的部位是输卵管壶腹的后段。在发生受精之前，精子必须运送到受精部位，并且获能，卵子在通过壶腹时与精子相遇形成合子。

精子获能：有些动物的精子必须在母畜子宫及输卵管分泌物中经过一定时间发生了一定的生理变化，才能获得穿透卵子透明带并通过卵黄膜进入卵细胞完成受精作用的能力，这一过程称之为精子获能。已经获能的精子再孵育到精液中，可以发生脱能。这就是自然选择中使精子只能在母畜生殖道获能穿透卵细胞，而在精液中精子不能穿透公畜精细胞等，使之失能。据试验证明，这种获能和脱能作用都在不同生殖器官不同部位产生的酶所致，如在子宫和输卵管中的精子经过一定时间获能后，顶体脱落，具有进入卵子透明带的能力。

母牛接近排卵时配种，受胎率显著减低，这说明精子在输卵管内获能时间不够，没有充分获能就遇到卵子，或者卵子先于精子到达受精部位。正常情况都是精子先期到达受精部位等待卵子。

精子在母畜生殖道内的运行及保持受精能力的时间：射精后，有些精子立即钻入发情母畜子宫颈黏液的微小颗粒中，并很快穿过子宫颈管，这一过程仅需几分钟时间。精子从阴道进入并通过子宫主要是靠子宫肌层的分节收缩，使精液在子宫内很快分散。母牛发情时，卵泡分泌的雌激素使子宫收缩增强，性交使子宫收缩更加增强，精液中的前列腺素也能刺激子宫肌的活动。除子宫收缩外，子宫颈黏液的物理化学性状、子宫内的负压、子宫内液体的流动、精液量以及精子密度、精子活力都能影响精子通过子宫的速度。

精子进入并通过输卵管，主要是靠输卵管肌层的蠕动及反蠕动，输卵管黏膜皱襞和输卵管系膜复杂的收缩动作，上皮细胞纤毛波动所造成的液流以及精子逆流作用等。

牛在配种后，有些精子 15 分钟后即能到达输卵管壶腹，子宫颈内输精后 2.5 分钟就能到达输卵管壶腹，而且死精子也能到达，这说明，精子的运送主要是由于输卵管及子宫的收缩完成的。这种收缩与激素有关。雌激素使黏液稀薄精子易于通过，孕酮使黏液浓稠，还能使生殖道肌层的收缩力降低，妨碍精子运送。

精子在母牛生殖道内保持受精能力的时间是影响受胎率的一个重要因素，一般牛是 28 ~ 50 小时。

卵子的运行及保持受精能力的时间：母牛排卵时输卵管伞充血、展开，输卵管系膜收缩将输卵管伞紧贴在卵巢表面上。卵巢也在卵巢固有韧带收缩作用下发生缓慢的摆动，便于卵子进入输卵管。输卵管伞黏膜上的纤毛波动，形成液流，使卵子进入喇叭口，这一系列反应除解剖构造成的特殊作用，还受激素的作用。

卵子通过输卵管壶腹时速度较快、在壶腹峡接合部停留时间较长，约2天，才进入峡部随即很快通过。牛卵子通过输卵管全程所需时间约90小时。在输卵管的受精卵过早或过迟进入子宫均不能发生附植。牛卵子保持受精能力的时间很短，只有8～12小时。

五、正常受精过程

受精前卵子呈圆形或椭圆形，牛卵直径约为100微米。卵子的细胞核呈圆形。卵核有明显的核仁，有很清楚的核膜，核膜外有一层无内含物的细胞质。卵子周围有两层膜，即卵黄膜和透明带，透明带外面有放射冠。放射冠是由互相连在一起的卵丘细胞形成的。受精部位是在输卵管壶腹的后段。牛的卵丘细胞在排卵后9～14小时脱落。

精子与卵子在输卵管中的会合，受多种因素的影响，如精子在母畜生殖道中运行速度，获能，精子数量，精子活力，输卵管壶腹的大小，卵子的表面积等。精子在母畜生殖道内保持受精能力的时间较短，卵子保持受精能力的时间比精子更短。因此选择适当的输精时间对受精、妊娠非常重要。牛通常在发情结束后约14小时排卵，在排卵前6－24小时输精受胎率最高。

精子进入卵子内部要依次穿过卵丘细胞、透明带和卵黄膜。

精子头部含有透明质酸酶，可以溶解并穿入卵丘细胞使他们崩解并裸露卵子；还有顶体脂糖蛋白，具有溶解卵丘细胞的作用；还有多种蛋白酶和神经氨糖酸苷酶等对精子穿透透明带是非常重要的。

精子在获能时顶体已松动，在穿入卵细胞透明带时脱落，露出穿孔器，它所具有的蛋白分解酶能够穿入透明带。精子进入卵子的最后一层被膜是卵黄膜,精子头部附着在卵黄膜上,激活卵子开始发育,然后精子头部进入卵黄内,卵黄表面形成一个突起,标明精子进入点。

精子进入卵黄的过程,是卵黄膜表面的微绒毛抓住精子头部,然后精子和卵黄膜都破裂并彼此融合,并形成一层完整的新被膜。

原核形成,牛卵子被激活最明显的表现是卵黄收缩并把液体挤进卵黄周围空隙中。同时卵黄内精子头部膨大,形成胶状物而失去其特征的外形,精子的尾部和穿孔器脱落。此时精子细胞核内有好几个核仁出现,最后融合起来。外面有一核膜形成,包围起来,最后形成的这个很像体细胞的构造的雄原核。

动物卵子在精子进入后不久即排出第二极体,然后又形成雌原核。雄雌二原核同时发育,其体积增大很多倍。当雄雌二原核充分发育到某一阶段,它们彼此相向移动互相接触,经过一段时间后,它们都收缩并融合在一起。核仁、核膜消失,两个原核不存在,形成新的个体细胞。原核存在的时间约为 10 ~ 15 小时。在配子融合之前,两个原核中 DNA 浓度增加,这时发生 DNA 的复制过程。在第一次卵裂之前,可以看到有两组染色体,它们来自父方和母方,最后联合起来形成一个单一的染色体组,然后开始第一次卵裂的有丝分裂。受精过程也就完成了。

牛的受精持续时间(由精子进入卵子到第一次卵裂)为 20 ~24 小时。

高等动物一般都是单一精子受精,这是由于透明带反应和卵黄阻拦作用形成的(图 1 -3,1 -4)。

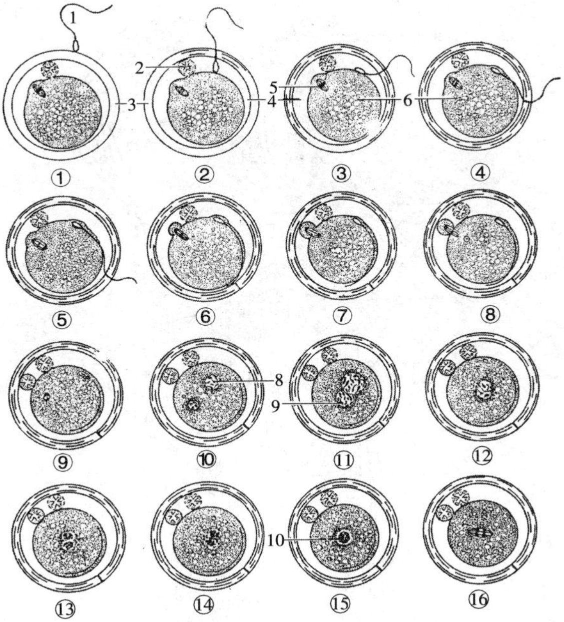

图 1-3 哺乳类卵子受精过程模式图

①精子接触到透明带的表面②精子头部已通过透明带而附着在卵黄的表面(透明带中的短线条表示透明带反应)③精子进入卵黄以前,头部平躺在卵黄的表面,被卵黄表面的微绒毛抓住④精子的质膜和卵黄膜相互融合⑤精子进入卵黄内⑥卵子第二次成熟分裂到第二极体即将分离⑦、⑧卵子第二极体分离⑨、⑩雄原核和雌原核的发育过程⑪两个原核开始接触⑫、⑬、⑭两个原核融合过程⑮两个原核融合为一,联合起来的染色体组受精卵第一次卵裂过程开始

1. 精子　2. 第一极体　3. 透明带　4. 卵黄周隙　5. 第二次成熟分裂的纺锤体　6. 卵黄　7. 第二极体　8. 雄原核　9. 雌原核　10. 配子配合后第一次卵裂前期联合起来的染色体组

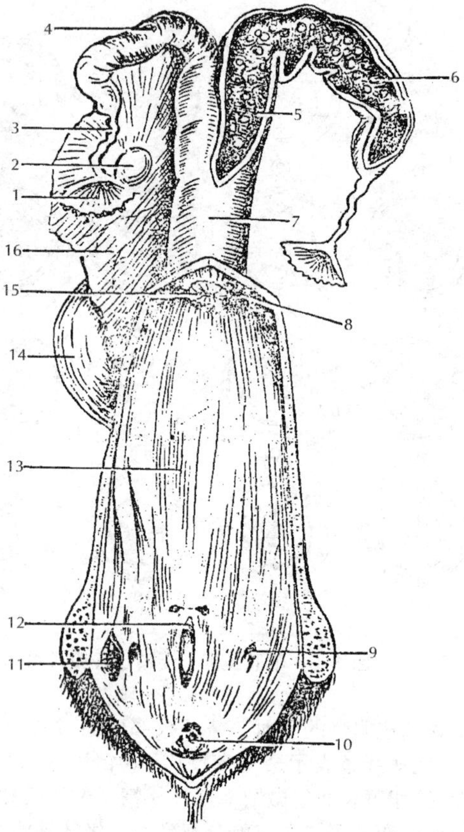

图1-4 母牛的生殖器官(背侧面)

1. 输卵管伞 2. 卵巢 3. 输卵管 4. 子宫角 5. 子宫黏膜 6. 子宫阜
7. 子宫体 8. 阴道穹窿 9. 前庭大腺开口 10. 阴蒂 11. 剥开的前庭大腺
12. 尿道外口 13. 阴道 14. 膀胱 15. 子宫颈外口 16. 子宫阔韧带

几种重要生殖激素的生理机能及其在繁殖上的应用

名称	代号	生理机能	在奶牛繁殖上的应用
促性腺释放激素	LHRH	可刺激垂体合成和释放促黄体素和促卵泡素，刺激母畜排卵，促进公畜精子生成	主要用于诱发排卵，产后第十五天应用可预防产后不发情；输精时注射 $LRHA_3$200－240 微克可提高情期受胎率；治疗公畜的少精症和无精症
催产素	OXT	对经雌激素预先致敏的子宫肌有刺激作用；产后催产素的释放有助于恶露排出和子宫复旧，可引起乳腺泡肌上皮收缩，加速排乳；大剂量催产素具有溶黄体作用	人工受精前 1～2 分钟肌注或子宫内注入 5－10 单位催产素，可提高配种受胎率；临产母牛先注射地噻咪松，48 小时后按每千克体重静注 5－7 微克催产素，可在 4 小时后诱发分娩；阻断催产素反射通路，可提高牛胚胎移植效果；应用小剂量催产素可增强宫缩，缩短产程，起到催产的作用；促使死胎排出；治疗胎衣不下、子宫蓄脓，治疗放乳不良的乳牛，促进其放乳
促黄体素	LH	诱发排卵，促进黄体形成，促进精子充分成熟	可诱导排卵，预防流产，治疗排卵延迟、不排卵、卵泡囊肿等卵巢疾病，并可治疗公畜性欲减退，精子浓度不足等生育疾病
孕马血清促性腺激素	PMSG	促进卵泡发育，促进排卵，促使公畜精细管发育和分化	催情，肌注 1000－2000 国际单位，母牛 3～5 天后可发情；刺激超数排卵，增加排卵率；注射孕马血清促性腺激素 1000－2000 国际单位，促进黄体消散，治疗持久黄体

几种重要生殖激素的生理机能及其在繁殖上的应用(续)

名称	代号	生理机能	在奶牛繁殖上的应用
人绒毛膜促性腺激素	HCG	促进卵泡发育、成长、破裂、黄体形成,并促进孕酮 p_4、雌激素 E_2 合成,同时可促进子宫生长;对于公畜,可促进睾丸发育,分泌睾酮和雄酮	促进卵泡发育成熟和排卵,增强超排和同期排卵效果,治疗排卵延迟和不排卵;治疗卵泡囊肿或慕雄狂;促进公畜性腺发育,使性机能得到兴奋
孕酮 P_4		促进生殖道发育;少量孕酮可与雌激素共同作用使母畜发情,大量孕酮则抑制发情,维持妊娠,小剂量孕酮,刺激动物排卵	诱导同期发情,诱导超数排卵;鉴别家畜的“性状态”;进行妊娠诊断,诊断繁殖障碍,治疗繁殖疾病
雌激素 E_2		刺激并维持雌性生殖道的发育;刺激性中枢,使母畜出现性欲和性兴奋,使母畜发生并维持第二性征;刺激乳腺管道系统的生长,促进骨对钙的吸收和骨化作用	可用催情,增强同期发情效果;排除子宫内存留物,治疗慢性子宫内膜炎
前列腺素	PG	可溶解黄体,影响排卵,提高精液品质,有利于受精	可用于调节发情周期,进行人工引产,治疗持久黄体,黄体囊肿等繁殖障碍,并可用于治疗子宫疾病;在公畜上,则可增加精子的射出量,提高人工受精效果

第二节　怀孕及妊娠生理

怀孕期:乳牛平均为 280 ~ 285 天,双胎率约占 0.5% ~ 2%。

受精卵的发育及胚泡的附植:

一、受精卵的发育

受精卵的发育是经过卵裂,成为桑葚胚、囊胚及胚泡,然后附植于子宫内。

受精后期,雌、雄原核的核膜消失、染色体排列在赤道板上,开始进行第一次分裂。卵裂是在输卵管内开始的,当合子向子宫方向移动时,它逐步分裂为越来越小的分裂球;细胞达到 16 ~ 32 个时在透明带内构成一个实体细胞群,称为桑葚胚。这个阶段 DNA 复制非常迅速。小而分裂快的细胞位于桑葚的一极,大而分裂慢,但含有碱性磷酸的细胞位于另一极。牛在排卵后 7 ~ 9 天后桑葚胚的中央出现空腔,称为囊胚。(图 1 – 5)

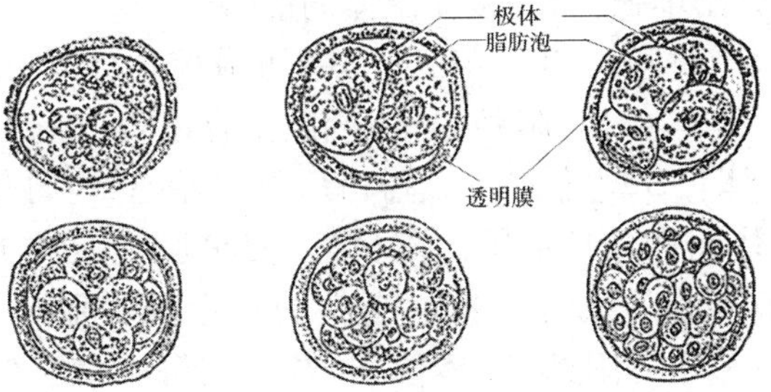

图 1 – 5　家畜受精卵早期细胞分裂

二、胚泡的形成及其附植

囊胚细胞不断分裂,较小的细胞位于囊胚的周围,以后成为滋养层;较大细胞聚集于囊胚腔的一极成为内细胞团,以后发育成为胎儿的部分。囊胚初形成时,外面仍有透明带,进入子宫角后,囊胚腔内液体增多,使它很快增大,突破透明带。此后囊胚就变成透明的泡状,称为胚泡。

随着胚泡的发育,胚结上的滋养层细胞溶解退化,胚结裸露出来,称为胚盘。随后胚盘向着囊胚腔的部分以分层方式逐渐形成一个新的细胞层,向胚泡内壁扩展,成为完整的一层,称为内胚层,其外面的细胞称外胚层,其中间的腔称为原肠内腔。

各种家畜早期胚胎的卵裂速度和进入子宫时间略有不同,牛形成桑葚胚 6 天(4 ~7 天),进入子宫 3 ~3.5 天,形成囊胚 7 ~8 天。

胚泡初形成时,在子宫内呈游离状态,以后泡腔内液体增多,胚泡增大,与子宫上皮密切接触,而附着下来,即称为附植。附植发生的过程是子宫内膜与胚泡相互作用的过程。

在激素和孕酮的先后作用下,排卵后子宫内膜充血,变厚,上皮增生,皱襞增多,黏膜表面增大,子宫腺扩张、伸长,腺体细胞中糖原增多,分泌增强,做好接受孕体的准备。

牛附植的时间为 20 ~40 天。密切附植大体是在受精后 60 天(45 ~75 天)。因为附植是一个渐进的过程,牛 21 天胚泡长 30 厘米,胚体长 3 毫米左右。附植后形成胎盘,与母体进行营养物质交换,代谢产物排泄等。附植的部位,胚泡大体上都是在对胚胎发育最有利的地方附植。当牛的一个卵受胎时,常在同侧子宫角的下 1/3 处附植,胚体位于子宫系膜的对侧,使滋养层靠近血管稠密、营养丰富的子宫系膜一侧。

三、不同胎龄胎儿的发育情况

一个月:受精3周时,胚胎长约0.5~0.7厘米。头上可以看到口和眼的雏形;至25天前肢呈小突起状,并有鳃裂;至月末胚胎长约0.9~1.1厘米,后肢也呈突起状,绒毛膜上,尚无绒毛。

两个月:到40天时,体长约为2厘米,50天时4.5厘米,2个月时6~7厘米,胎儿出现牛固有的外形;体壁合拢,腹壁很大;全部器官都已形成。硬腭裂封闭,母胎儿出现乳头。

三个月:第九周末胎儿体长8厘米,第十周11厘米,至月末体长为11~14厘米。公胎儿阴囊已形成。

四个月:体长约22~26厘米,公胎儿阴囊明显,体表尚无毛。

五个月:体长约为35~40厘米。唇部及眉弓出现细毛;母胎儿乳房乳头明显,公胎儿睾丸进入阴囊,但可以挤入腹股沟管内。

六个月:体长45~60厘米,唇部眉部有浓密细毛,出现睫毛,角根、尾端、腕关节与跗关节以下部分有少数细毛。

七个月:体长约70厘米。唇、眉、角根、腕、附关节以下,尾巴上有浓密的细毛,耳端及背线上有稀疏细毛。

八个月:体长约80厘米,全身有稀疏细毛。背线、颈部上缘及耳边密布细毛。

九个月:体长约80~100厘米。全身盖有浓密的细毛;头盖骨已骨化。乳门齿是4~6个、12个乳前臼齿也已生出。

四、牛胚胎的发育情况(按日)

排卵后4~17日为桑葚胚

7~12日:囊胚

14日:胚层分化

16日:绒毛膜囊伸长

18日:原条形成、羊膜皱褶融合

20 日:有了开放的神经管,体节分化开始,绒毛膜向空角伸展

21 ~22 日:心搏动明显

22 ~23 日:神经管封闭

23 日:钩形的尿囊显现

25 日:可见前肢芽

26 日:体节增至 40 个

27 ~28 日:可见后肢芽

30 日:绒毛膜出现第一个子叶,体长 0.9 ~1.1 厘米

32 日:体节增至 55 个,尿囊占据孕角的胚外腔

33 日:初期附植

30 ~45 日:趾、鼻、眼分化

36 ~37 日:尿囊占据全部胚外腔

40 日:体长 2 厘米;50 天 4.5 厘米;60 天 6 ~7 厘米,胎儿显现牛形,体壁合拢,硬腭裂封闭,眼睑闭着,雌性胎儿出现乳头,全部器官形成;70 日体长 9 厘米;77 日 11 厘米;84 日 11 ~14 厘米

90 日:毛囊出现,公胎儿阴囊形成

100 日:角痕明显

110 日:牙齿出现

120 日:公胎儿阴囊明显,体长约 22 ~26 厘米,体表无毛

150 日:唇、眉出现细毛,母胎儿乳房乳头明显,公胎儿睾丸进入阴囊,眼及嘴周围有毛,体长 35 ~40 厘米

180 日:唇眉部有浓密细毛,睫毛出现,角根、尾端肢端有少数细毛,体长 45 ~60 厘米

210 日:唇、眉、肢端、角根、尾有浓密细毛,耳端及背线有少量细毛,体长 70 厘米

240 日:全身被毛稀疏,背线、颈上缘及耳边密布细毛,体长 80

厘米

270 日:被毛全,头盖骨骨化,乳门齿 4~6 个,12 个乳前臼齿已出现,体长 80~100 厘米

280 日:出生

第三节　母牛发情鉴定技术

通过发情鉴定判断母畜是否发情;进一步确定发情阶段,做到适时配种以提高繁殖率;还可以发现生殖机能是否正常,对发现的问题及时防治。

发情鉴定的方法有:

一、外观鉴定

发情母牛表现兴奋、不安、哞叫、反应性提高;拉开后腿,频频排尿;反刍减少;在运动场互相爬跨,被爬跨的是发情母牛,站着不动并举尾,如不是发情牛则拱背逃走,如发情牛爬其他牛阴门抽动,滴尿如公牛动作;发情母牛外阴肿大充血,流出透明黏液,处女牛大多带有血色。

在初情期表现不激烈,到盛情期各种表现都明显;到发情后期,母牛拒绝爬跨,外阴肿胀消退,黏液在尾根上结成痂皮;排卵期发情表现完全消退,采食正常,排卵一般在发情结束后持续 4~8 小时,多在夜间。

二、公牛试情法

目前,在户养奶牛中很少养试情公牛。但公牛试情的检出率最高。

三、阴道检查法

在阴道开膣器头上安装上一只小灯泡病接上电池，当开腔器插入阴道张开母畜阴道，接通电源观察阴道黏膜颜色，充血肿胀程度，宫颈口开口大小，分泌物颜色，黏稠度及量的多少，有无黏液流出等，判断母牛发情程度。开膣器在用前要洗净消毒，插入阴道时要顺势慢插，小心损伤阴道黏膜。具体表现：

(1)休情期：阴道紧闭，黏膜苍白，无黏液。

(2)发情初期：阴道黏膜微充血，呈淡红色，子宫颈口轻度充血、稍肿，黏液量少，稀薄透明。

(3)盛情期：阴道黏膜潮红，有光泽，宫颈充血发亮，肿胀而张开，顺着开膣器流出大量黏液，透明牵丝，无黏性。

(4)发情后期：阴道黏膜充血消退，宫口收缩，呈暗红色，黏液由多变少、变稠，呈半透明或乳白色，牵丝性不强，有黏性，常混有血丝。

(5)排卵期：阴道黏膜淡红，宫颈外口关闭，淡红色，黏液少，浓稠呈乳皮状。

各期的细微变化并没有明显的界限，要靠自己的观察、总结，而且各期的持续期只有 4 ~8 小时。

四、直肠检查法

(1)母牛的准备：保定架内保定，以保证人畜安全。牛尾拢向一侧。

(2)术者准备：剪短指甲磨光，洗净手臂，涂上润滑剂。

(3)检查方法：手伸入直肠后，手指扩张，以便空气由指缝进入直肠，引起直肠努责，将粪排出。

检查时，操作应十分谨慎，切记生硬推进。

寻找牛卵巢的方法：将手伸至直肠狭窄部，手伸平，掌心向下，用力下按,左右抚摸,触及骨盆底上,此时可发现子宫颈(子宫颈如软骨),找到子宫颈,手指不要放开,沿子宫颈向前移动,触到子宫体,当手指伸到子宫角分叉处,便将手移至右子宫角,手指向前向下,在子宫角弯曲处即可碰到卵巢,这时用手指肚仔细触诊卵巢的大小、质地、形状和卵泡发育情况。摸完卵巢,手沿着子宫角返回,移至分叉处,再按以上顺序触摸左侧子宫角、卵巢及卵巢各期变化。

卵巢各期变化:

①休情期:左、右侧大小不一样,常呈扁圆形或多角形,表面粗糙坚实,一端有似面团状突出于表面的黄体,触之感觉明显。

②发情初期:一侧卵巢稍大,卵泡开始发育,直径约0.5~0.6厘米;指压有软化点,波动不明显。

③卵泡发育期:滤泡发育到1~1.5厘米,呈小球状,突出卵巢表面,泡皮较厚,波动明显,此期的后半期,发情表现已减弱甚至消失。

④卵泡成熟期:发育停止,泡皮紧而薄,似已成熟的葡萄,波动明显,此期约6~8小时。

⑤排卵期:卵泡破裂,泡液流失,卵细胞流出,泡皮凹陷,质地松软,似成熟破烂的葡萄;排卵后6~8小时,黄体便长大发育,摸到质地柔软的新黄体。

直肠检查结合外部症状基本可确定卵泡发育的不同时期,按时准确输精。

五、黏液结晶法

用长柄镊子取子宫颈黏液,将黏液涂在载玻片上,干燥后镜检。抹片镜检时见羊齿植物状或羽毛状结构的结晶花纹,典型、整齐、保持时间长是发情盛期;结晶花纹结构较短、呈现短金鱼藻或星芒状,保持时间短是发情末期。

六、孕酮含量测定法

牛乳中孕酮含量与性周期变化密切相关。在发情时孕酮含量最低,如孕酮水平高说明不在发情期。测定乳中孕酮含量可以判定是否发情。

但有异常发情,如:安静发情、短促发情、断续发情、持续发情,孕期发情等。

七、适宜的输精时间

在排卵前6~24小时,即在发情后12~18小时为宜。

牛卵子维持受精能力的时间为8~12小时,如果卵子到达受精部位后,没有足够的精子与其受精则继续运行,并很快丧失受精能力,即便受精,其活力不强,易被吸收;如果输精过早,虽然精子在母畜生殖道内存活15小时以上,但受精能力维持较短。

自然射精在2~13分钟,精子就到达输卵管的受精部位,所以在配种实践中,最好在排卵前不太长的时间输精,使受精部位有活力旺盛的精子等待新鲜的卵子,以提高受精、受胎率。

牛发情结束后2~3天有流血现象。据统计,奶牛配种后流血和不流血的各占1/2。其中,青年牛流血现象较多,配种后第一天流血的牛,其受胎率可高达70%;第二天流血的牛,其受胎率为50%~60%;第三天流血的牛,其受胎率为10%。

八、荷斯坦奶牛发情特点

据报道:荷斯坦奶牛发情期、间情期、妊娠期阴道黏液pH值各不相同,发情期偏酸(6.76±0.54),间情期偏碱(7.55±0.28),妊娠期碱性较间情期大(7.55±0.54),三者间差异极显著($p<0.01$)。

发情期阴道黏液的变化与间情期、妊娠期不同,发情期黏液结晶呈现羊齿植物状、星芒状和散在型很规则的花纹,而间情期、妊娠期均未发现规则的结晶花纹，只见到杂乱的散在型结晶。

发情期、间情期、妊娠期细胞学变化不一样，在不同的发情阶段，细胞学变化也有差异。发情盛期镜检可见极少量的上皮细胞和个别白细胞；发情末期可见多量的白细胞和个别的上皮细胞；间情期可见较多的上皮细胞和多量的白细胞，大量丝状，着色与上皮细胞一样，类似胶原纤维的物质。

根据上述情况还可以正确区分奶牛繁殖周期所处的状态。

荷斯坦奶牛发情期阴道黏液的变化随着发情时期的不同呈一定的规律性变化；发情盛期 pH 值较高、黏度大、牵缕性强，发情末期 pH 值下降、黏度小，牵缕性弱；黏液结晶由发情盛期的长条羊齿植物状到发情末期变为星芒状和散在型。细胞学变化，在发情盛期可见极少量的上皮细胞和个别白细胞，发情末期白细胞明显增多。根据此变化规律，准确判断母牛的发情时期，为适时输精提供了较准确时间，从而提高受胎率。

第四节　奶牛妊娠检查

一、妊娠牛的直肠检查

配种后 19 ~ 22 天，从直肠摸不到胎胞，子宫的变化也不显著，如果在上次发情排卵处摸到发育成熟的黄体，疑为妊娠；如果子宫勃起反应明显，无明显黄体，而一侧有大于 1 厘米的卵泡，说明正在发情；如果摸到卵巢局部有凹陷，质地较软，可能是刚排出卵，这两种情况都说明没有怀孕。

怀孕 30 天，两侧子宫角已不对称，孕角较空角增大变粗、孕角较空角松软，有液体波动感，孕角最膨大处子宫壁较薄；空角较硬而有弹性，弯曲明显。用手指握孕角，从一端向另一端滑动可感到胎膜囊从指尖划过。或用拇指及食指轻轻捏起子宫角然后稍微放松，可以感到子宫壁内有一层薄膜滑开，这就是尚未附植的胚囊壁，技术熟练者尚可摸到豆形的羊膜囊（在角间韧带前方）。妊娠28天，羊膜囊直径为2厘米，35天3厘米，40天以前羊膜囊呈球形。

怀孕60天，孕角是空角的2倍，两角悬殊明显，孕角有波动，角间沟平坦，但仍然能分辨，可以摸到全部子宫。

怀孕90天，孕角大如婴儿的头，有的大如排球，可以明显感到波动，空角也比平时大一倍；子宫开始沉入腹腔，初产牛子宫下沉时间较晚。偶尔可以摸到胎儿，孕角子宫动脉根部开始可以感到微弱的怀孕脉搏，角间沟已摸不清楚。

怀孕120天，子宫已全部沉入腹腔，子宫颈已越过耻骨前沿，一般只能摸到子宫的背侧及该处的子叶，形如蚕豆或小黄豆，可以摸到胎儿。子宫动脉的怀孕脉搏由根部向下延伸，感觉明显。

以后直到分娩，子宫越来越大，沉入腹腔甚至抵达胸骨区；子叶逐渐长大，大如胡桃、鸡蛋；子宫动脉越发粗大，如拇指；空侧子宫动脉也变粗，并显示出怀孕脉搏。寻找子宫动脉的方法是：手伸入直肠后，手心向上贴着椎体向前移动，在岬部的前方可以摸到腹主动脉的最后一个分支即髂内动脉，在左右髂内动脉的根部分出一支子宫动脉，沿游离的子宫角阔韧带下行到子宫角的小弯。

此后胎儿逐渐长大，可以摸到头、嘴、眼、眉弓、颅顶、臀部、尾部及四肢。

二、阴道检查法

（1）根据阴蒂变化对奶牛进行早期妊娠诊断，观察阴蒂大小、形状、位置、质地色泽、血管分布及分泌物等。乏情母牛阴蒂深埋于阴蒂凹内，成扁圆形或柱状，粉白色，表面干燥无光泽，血管不明显，无分泌物，质软而斜下；发情母牛阴蒂埋于阴蒂凹内，粉红色，扁圆长柱状，质地较软；妊娠 20 天内母牛的阴蒂稍微增大，长约 0.6 厘米，宽约 0.3 厘米，厚约 0.2 厘米，二分之一的体积突出于凹的上方，红黄色，稍硬，表面发亮，血管稍充血，有少量分泌物；体积继续增大如樱桃大小，直立发硬，紫黄色，表面湿润光滑，呈青紫色，有黄色分泌物，血管呈树枝状。妊娠 30 ~40 天，符合率分别为 94.1% ~94.7%。

(2)阴道变化

怀孕 3 周后，阴道黏膜由未孕时的淡粉色变为苍白色，无光泽，表面干燥，阴道收缩变紧；怀孕 1.5 ~2 月，子宫颈口附近黏液量少而稠；怀孕 3 ~4 个月，黏液量大，黏稠如米糊，灰白色或灰黄色，子宫颈口紧缩关闭，有子宫颈栓。

三、卵巢检查

记录配种前状态，配后 10 ~ 14 天，检查原卵泡发育处形成柔软的黄体，记录其大小、形状(卵巢黄体)。20 ~25 天第二次检查，卵巢大 2 倍、光滑、质地柔软、有弹性，黄体稍明显，突出于卵巢表面，比一检时稍硬，诊断为受孕；若二检时原增大卵巢，体积缩小，为未受孕。符合率 96%。

四、激素对抗探试法

母畜怀孕后，雌激素的作用被孕酮抑制，若给配种 18 ~20 天后的母牛注少量外源性激素，5 天内不发情者，可诊断为妊娠。未孕牛的发情准确率在 80% 以上。

五、3% 硫酸铜诊断法

将常乳和末把乳各 1 毫升置于平皿上，滴入 1 ~3 滴 3% 硫酸铜,迅速混匀,呈现雾状,沉淀者为阳性。可用产后八天的常乳作对照,配种后 14 ~ 35 天为最佳测验时期,配后天数不同,符合率也不同,配种后 22 ~ 28 天,符合率 95% ,31 ~ 33 天为 93.8% ,33 天以上,符合率递减。

六、95% 酒精反应法

取待检鲜奶 5 毫升,盛入平皿中,加入 95% 酒精 1 毫升,奶在五分钟内凝集者为妊娠,在 30 分钟后凝集者未孕。妊娠 40 天以上者准确率 95% 。

七、血清凝集抑制试验

将受检母牛血清稀释 5 倍,取 0.5 毫升加入透明质酸酶抗血清,混匀再加两滴致敏羊红细胞,混匀,在 37 摄氏度恒温箱中静置 60 分钟,不发生凝集者为妊娠。妊娠 20 天以上者准确率 95% 。

八、眼检法

奶牛配种后 20 天,瞳孔正上方虹膜表面若有明显纵向血管 1 ~2 条,呈直线状(少数有弯曲),直径为 1 毫米,深红色,同时母牛无发情表现,则判为妊娠,若有发情,则判为未孕。若血管纹乱,横向者较多,纵向血管不清,色暗红,则卵巢或子宫有疾患。

第二章　奶牛不孕不育症防治

奶牛的生产能力及其生产效益，主要体现在产奶性能和产犊性能或（称为繁殖力）两个方面。按照科学合理的生产繁殖生理能力，每年应当产一胎，但在生产实践中，由于多重因素的影响，不能适时发情配种，达不到一年一胎的理想生产效果，从而影响了奶牛养殖效益。为了提高奶牛繁殖率、提高生产效益，我们研究、收集了有关奶牛不孕不育症的防治资料，综合介绍于后。

造成奶牛不孕不育的原因，主要是人为因素，如饲养管理不科学，配种技术不过关和奶牛自身的因素，如疾病、发育等。防制目标就是要在解决这些问题的基础上，使奶牛群体繁殖能力达到正常先进水平。

奶牛不孕不育症各地都不同程度地存在，尤其在农村分散养牛情况下，发病率更高，不能不重视。不孕症情况各异，有的推迟 1～3 个月发情，有的推迟一年以上，屡配不孕，甚至因不孕不育症不得不淘汰。

包头市有一个养牛大户，共养奶牛 121 头，其中生产母牛 105 头。他把三个情期配不住的牛，单设一圈饲养，常年保持 15 头左右。照比测算，不孕症奶牛约占 14.28%。一个奶牛场全年有 15% 奶牛不孕，会严重影响其生产效益。应采取措施予以解决。

一、奶牛繁殖机能的控制生理

奶牛性器官的发育、性活动、排卵、妊娠等繁殖过程都受内分泌激素的控制，激素分泌多少以及有无该激素直接影响排卵、受精、妊娠的全过程。

影响母畜生产功能的激素主要有：垂体促性腺激素，垂体前叶分泌三种蛋白质激素：一为促卵泡成熟激素、二为促黄体生成激素、三是生乳激素。

卵巢激素有三种：雌激素、孕激素和松弛素。

这些性激素的分泌是受丘脑下部控制，而丘脑下部的活动又是受更高一级的中枢神经体液系统对激素的分泌发生影响。

从实践上看，我们的工作就是要多方面创造条件以促进母牛正常、高效的生殖活动和生产活动。

性机能的发育阶段：

母牛性机能的发育过程，一般分为初情期、性成熟期和繁殖停止期三个阶段。

奶牛发情周期：

母牛到初情期以后，生殖器官及整个机体发生一系列的周期性变化，周而复始，直到性机能活动停止的年龄为止。这种周期性的性活动称之为发情周期。

母牛一个发情周期为21天。发情持续期2~3天。一个发情周期里卵泡与黄体互为作用，达到排卵受孕、保胎的目标。这一生理过程配合非常严谨。

前一章已讲了奶牛妊娠生理，请参阅。

二、奶牛不孕不育的原因

1. 先天性

(1)先天性畸形，生殖道畸形和幼稚型等。

(2)遗传基因。

(3)生理性的。

2. 后天性

(1)营养性:由于能量、蛋白质脂肪、维生素、矿物质、微量元素等营养物质缺乏或失调,可以造成不孕不育。

(2)利用性:片面、掠夺性利用,不注意营养补充和运动以及合理休息,按期停奶。

(3)内分泌系统异常或失调,有疾病性和营养性内分泌失调。

(4)生殖器官疾病。

(5)风土气候性的。

3. 管理配种技术问题

4. 免疫反应

根据最新研究表明,有的母牛会产生对某些精子的过敏反应,产生相应抗体蛋白而阻止正常受精。

5. 繁殖障碍病的种类

(1)卵巢方面:卵巢静止、黄体囊肿、卵泡囊肿、持久黄体、卵泡发育不良。

(2)子宫方面:子宫颈口狭窄、子宫内膜炎、子宫蓄脓、子宫肌瘤。

(3)代谢方面:营养元素不平衡或不足造成奶牛内分泌失调,奶牛亚临床酸中毒。

第一节　先天性和营养性不孕不育

一、先天性不孕不育

1. 先天性生殖器官畸形

先天性畸形主要是由于苗勒氏管某一段停止发育或融合不全

造成。有些虽然在解剖学上有缺陷，但仍有正常的发情周期和发情表现，因此从外观上很难确诊。常见的生殖器官畸形有：输卵管与输卵管伞或子宫角不通，缺乏子宫角、单子宫角、实体子宫角，子宫颈的位置与形状不正常，如子宫颈闭锁、双子宫颈、子宫偏位、阴道狭窄等。

2. 雌雄间性或称两性畸形

一个牛同时有雌雄两性部分生殖器官，不管是真性或假性都没有繁殖能力。出现间性牛与近亲交配有一定关系。

3. 异性孪生不育

孪生异性母犊90%以上不能生育。表现为母犊不发情，阴门狭小，阴蒂较长，阴道较小，子宫角、卵巢都发育得很小，乳房极不发达，乳头短小如公犊样。

异性孪生不育的诊断方法：

(1)分析染色体：在母犊白细胞中查到XY/XY嵌合体的不能繁殖。

(2)红细胞溶解法：不育母犊的红血球对特殊血清型反应剂显示部分溶血，能正常生育的孪生母犊全完溶血，对单产母犊不产生反应。

(3)临床的方法：

①检查子宫颈口的有无和阴道长短，如阴道长在12～14.8厘米间、有子宫口而不孕，要用其他方法检查。

②阴道长短：3～6周龄异性孪生母犊阴道长，在7.4±2.3厘米不能生育。将来能生育的阴道长约14.8±2.8厘米。

无生殖能力的孪生母犊的阴道明显短于正常的母犊。

4. 遗传性不育

最近科学家在DNA排码中发现，(牛)染色体不育基因的位置和数码说明确实存在遗传性不育,表现为:白色处女牛生的母犊无性腺,卵巢被脂肪包围,脑室积水,常在生后一周死亡,成活的将来不育。

这些先天性不孕不育症基本没有治疗方法,只是在购牛时要认真识别,遗传性不育将来通过基因疗法(转基因)有望得到治疗。

在生产实践中如果发现此类情况应及早肥育处理。

二、营养性不育

由于饲养管理不合理造成奶牛不孕是农村奶牛不孕不育的重要因素之一,规模化奶牛场也有类似情况。

1. 营养缺乏,热能不足,饲料配合不合理,蛋白不足,母畜瘦弱,长期饲喂单一饲料都会引发卵泡停止发育、安静排卵、卵泡囊肿等病,表现为不发情或发情不规律,即便是发情受胎也可能早流或胎儿发育不正常。奶牛营养性不育都是人为因素造成的。因此奶农一定要科学合理搭配饲料营养并饲喂奶牛。

美国康乃尔大学做了一个实验,证明营养与生殖的关系。

小母牛饲养标准	初情年龄	初胎配种次数	备注
低标准	15 个月	1.33 次	易发生死胎、难产
中标准	11 个月	1.64 次	
高标准	9 个月	1.89 次	过肥妨碍受孕

Eckles 调查发现:缺磷的牛每年产一胎"处女牛",不到两岁不发情,缺磷会造成初情延迟。

他测了 30 头卵巢静止不孕牛,都是血磷含量低,钙高磷低。

在奶牛饲养中,一定要根据牛不同生产时期对营养物质的要求,保证供给与繁殖有关的微量和常量元素。它们对调节奶牛体内各种营养物质的代谢起着重要作用。对提高母牛受胎率、减少死胎、流产有密切关系。

2. 营养过剩不孕不育:日粮中超过泌乳需要的蛋白质会对繁殖产生负影响。

血浆尿素氮对精子、卵子、胚胎有杀伤作用,从而使受精率下降。

高血浆尿素氮能降低胎盘 pH 值和前列腺素的产生,还能降低促黄体激素与卵巢受体的结合,导致血清孕酮的水平下降,从而降低受精率。氮代谢的副产物会改变下丘脑—松果体—卵巢轴,从而降低繁殖能力。

奶中尿素氮和血浆尿素氮都是肝脏产生尿素的反应。奶中尿素氮超过 19 毫克/分升会降低受精率。血浆尿素氮超过 20 毫克/分升能降低泌乳奶牛的怀孕率。

当日粮中粗蛋白由 17% 增加到 21.6% 时,血浆尿素氮提高,怀孕率下降。

可见奶牛一味追求高蛋白日粮会对繁殖产生不利影响。

三、运动对怀孕的影响

奶牛运动和不运动对受精影响很大。一个苏联人做了一个调查和实验:614 头不运动奶牛,情期受胎率达到 56.4%;而 516 头坚持运动的奶牛,情期受胎率达到 75.6%。

运动和青饲可以使受胎率提高 4% ~5%,死胎率减少 2% ~3%,犊牛出生率提高 10% ~15%,犊牛疾病率减少 30%,繁殖成活率提高 5% ~7%,产后空坏期缩短 10 ~20 天,产奶量提高 10% ~12%。

可见运动与青饲的综合效益是相当可观的,在奶牛管理中不可忽视。因此,有条件的实行放牧运动,没条件也要设运动场或牵蹓运动。

四、泌乳期延长等因素

泌乳期延长和泌乳过多等利用性不孕、气候水土性不育、衰老性不孕也常见。

第二节　症状性不孕不育

症状性不孕不育分为:

1. 卵巢静止
2. 原发性不孕
3. 卵巢囊肿
4. 持久黄体
5. 输卵管异常
6. 排卵延迟
7. 受精紊乱

七种异常状况,下面分别叙述。

一、卵巢静止

由于卵巢上无滤泡或滤泡萎缩、硬化,使卵巢工作处于静止状态。滤泡大小如蚕豆、质地正常较硬,卵巢表面无卵泡、无黄体子宫收缩无力、体积较小,表现为长期不发情。

治疗卵巢萎缩、卵巢机能不全和卵泡交替发育:

(1)FSH(来自垂体前叶,促进卵泡发育和成熟的促卵泡素)50～100单位,注水10毫升,肌注3～5天后,先复检卵巢,依病情变化,可重复注射一次,一般最多只用2次。出现发情和卵泡发育,肌注促黄体素100～200单位。

(2)三合激素注射液5～7毫升(每毫升含丙酸睾丸素25毫克、黄体酮12.5毫克、雌二醇1.5毫克)肌注,用药后2～10天发情率可达95.5%。

(3)隔着直肠按摩卵巢,子宫体、颈,同时肌注乙烯雌酚20毫克,以提高雌激素水平。

二、原发性不孕

原发性不孕是指两岁以上初情母牛经过多次配种不受胎,又无子宫内膜炎及其他生殖系统疾病的不孕牛。它是由抗卵巢抗体引发的免疫性不孕症。机体内一旦产生这种抗体,由它引发的免疫反应引起卵巢免疫应答,影响卵成熟,导致奶牛不孕。

抗卵巢抗体是一种靶抗原在卵巢颗粒细胞、卵母细胞、黄体细胞和间质细胞内的自身抗体,见于卵巢早衰等不孕症。

试验证明原发性不孕牛卵巢抗体的阳性率为57.14%,显著高于正常妊娠牛2.5%,但已妊娠过的牛卵巢抗体在不孕的免疫病因中不占重要地位。

治疗方法:对卵巢抗体阳性不孕牛,应用强得松每日80毫克、阿司匹林每日100毫克,配种前20日开始,持续30日。治愈率在40%以上。

三、卵巢囊肿

卵巢囊肿分为卵泡囊肿和黄体囊肿。卵泡囊肿是由于发育中的卵泡上皮变性,卵泡壁结缔组织增生、变厚,卵细胞死亡,卵泡液未能吸收或增多而形成的;黄体囊肿是由于未排卵的卵泡壁上皮细胞黄体化而形成的,或者排卵后由于某些原因而黄体化不足,在黄体内形成空腔而引起卵泡内长期多量出血,血液不易凝固也不易吸收，以致不能形成正常的黄体而发生卵巢囊肿。

（一）病因

卵巢囊肿主要由于垂体前叶分泌的促卵泡素过多，促黄体素不足，载卵丘颗粒细胞分泌雌激素促进发情表现为长期发情，卵泡体里含有醋酸可溶性双折光晶体是雌激素的原体，雌激素增加、原体减少，表现为慕雄狂（肾上腺雄化症也表现为慕雄狂）。

维生素 A 缺乏，卵上皮变性发生囊肿。

多次发情不配种，激素分泌紊乱，也可导致卵泡囊肿；饲喂精料过多又缺乏运动，在卵泡发育过程中气温突然变化，不正确使用激素，以及输卵管炎、卵巢炎、子宫内膜炎、胎衣不下都可诱发、伴发卵巢囊肿。本病具有遗传性。

（二）症状

卵巢囊肿分为卵泡囊肿和黄体囊肿两个类型：卵泡囊肿时母牛发情时间延长，发情周期短，哞叫、拒食、经常爬垮其他母牛；如囊泡上皮细胞变性、变性萎缩、不产生雌激素，则发情停止。

黄体囊肿主要表现为长期不发情。

直肠检查，可摸到卵巢上有一个或多个大而波动的囊泡，有的大到 3 ~ 5 厘米。黄体囊肿、黄体显著增大。

随着囊肿时间的延长，病牛会出现消瘦，拒食，产奶量下降，阴门肿大，荐坐韧带松弛、水肿，臀部肌肉塌陷，尾根与坐骨结节之间出现深陷，阴门流出透明黏液，但不呈牵丝状。

（三）治疗

1. 卵巢囊肿的治疗

（1）生物刺激疗法：将结扎输精管的试情公牛与卵巢囊肿患牛圈在一起，刺激母牛的生殖机能，提高其性激素的分泌，达到消除囊肿和持久黄体的目的。

(2)物理疗法

子宫热浴:将热水(42℃左右)灌入子宫,连日或隔日一次,每次3~5分钟,虽然要用灭菌热生理盐水灌注,也要慎用,以防子宫感染。

卵巢按摩是将手从直肠伸入,隔着肠壁按摩卵巢。操作时动作要轻柔以防用力过大损伤卵巢。

(3)激素疗法

原则是:黄体性囊肿用雌激素类药,如果是卵泡囊肿用孕酮类激素。

①促性腺激素释放激素。

目前促性腺激素释放激素类似物有促排2号($LRH-A_2$)和促排3号($LRH-A_3$),每次肌注400~600微克,一日一次,用1~4次,一般在15~30日之内囊肿消失,恢复发情、排卵,配合肌注孕酮100毫克。

②促黄体素100~200单位,一日一次,可用5~7次。

③人绒毛膜促性腺激素5000~10000单位,肌注,一日一次;或2500~5000单位静注,每日一次或隔日一次,用1~3次。

④孕酮50~100毫克,一次肌注,一日一次,连用14天,总量为750~1000毫克。

⑤$PGF_{2\alpha}$(即前列腺素类似药物),5~10毫克,一次肌注。

⑥地塞米松磷酸钠10~20毫克肌注,隔日一次,连用2~3次。对用前列烯醇类无效者,效果较好。

⑦注射绒促性素(L),肌注牛1000~5000单位,用于奶牛性功能障碍、习惯性流产、卵巢囊肿。

2.黄体囊肿的治疗

(1)$PGF_{2\alpha}$5~10毫克,肌注。

(2)氯前列烯醇 500 微克,一次肌注,一般注一次,可隔 10 ~ 12 日再注一次。

15 甲基前列腺素、4 毫克肌注或加 20 毫升灭菌注水、直接灌入患侧子宫角。

(3)LH(促黄体素)200 ~ 400 单位,肌注。

配合维生素 A 治疗:维生素 A 对奶牛卵巢机能减退的治疗,有时比激素还好,特别对缺乏青绿饲料的患卵巢机能减退的牛效果好。所以在治疗卵巢机能减退的奶牛时,要注意配合维生素 A 的治疗。

(4)中药调理

处方:三棱 50 克、莪术 50 克、香附子 50 克、荷香 50 克、当归 50 克、红花 30 克、青皮 30 克、陈皮 30 克、桔梗 30 克、益智仁 30 克、肉桂 30 克、甘草 25 克,共为细末,开水冲调,候温灌服。

一日一剂,连用五剂。

(5)用注射剂促黄体释放激素 A_2(或针剂促黄体素释放激素 A_3)对牛排卵迟缓的,于输精同时肌注 12.5 ~ 25 微克;对牛卵巢静止的,肌注 25 微克,每日 1 次,用 1 ~ 3 天,总量不超过 75 微克;对牛持久黄体和卵巢囊肿的,25 微克/次,一日一次,用 1 ~ 4 次,总量不超过 100 微克。

早期妊娠诊断:配种后 5 ~ 8 日,肌注 12.5 ~ 25 微克,于 35 日内无发情,则判为妊娠。

治疗:牛奶低黄体酮水平的卵巢囊肿用 Gn – RH(促性腺激素释放激素)治疗;高黄体酮水平卵巢囊肿用 $PGF_{2\alpha}$ 诱导发情。禁止在产后早于 9 天注射 $PGF_{2\alpha}$(前列腺素类药),它是治疗黄体性囊肿唯一高效药物。

(6)手术疗法

隔着直肠挤破囊肿;或握着卵巢拉至阴道穹窿处,另一手持套管针或长针头伸进阴道或在体外由助手刺破放水,但后遗症较多,易造成卵泡纤维化、粘连、出血。有因挤破出血致死病例,且手术成功率不高。但有经验的人常用。

四、持久黄体

奶牛发情后,周期黄体或妊娠黄体经过 25 ~ 30 天不消失,仍对机体产生作用,是为持久黄体。

(一)持久黄体发病原因

1. 卵巢机能减退,主要由于饲料单纯,维生素、矿物质缺乏,运动不足,营养不良,泌乳过多等引发黄体不能及时消退。性周期后卵巢上的黄体超过 20 ~ 30 天不消退,它分泌的孕酮抑制卵泡发育,使母牛不发情。

2. 子宫内有异物:子宫内蓄积黏液、脓汁,子宫内滞留部分胎衣、死胎、肿瘤,子宫复旧不全、母体胎盘不吸收,均可形成持久黄体。

(二)症状

母牛在产犊后或配种后两个月以上不发情,直肠检查时发现一侧卵巢增大,持久黄体一部分呈圆锥状或蘑菇状突出于卵巢表面,卵巢实质稍硬,有时持久黄体突出于表面。检查子宫又无妊娠现象,外阴紧缩成三角形、有明显的皱纹,阴道壁苍白,一般无分泌物。母牛安静。

(三)治疗

1. 激素疗法

(1)肌肉注射促卵泡素(FSH)100 ~ 200 单位,溶于 10 毫升生理盐水中,隔 3 天注一次,3 次为一疗程;黄体消失,再注少量绒毛膜促性腺激素,促使卵泡成熟和排卵;或孕马血清 1000 ~ 2000IU

皮下注射或肌注。

注射垂体促卵泡素（兽药国家标准汇编2012）。

①用以治疗卵巢静止，持久黄体、卵泡发育停滞。

②大剂量连续刺激下，可解除卵巢的优势卵泡对其他小卵泡发育的抑制，使卵巢形成多个成熟卵泡。常用于牛的超数排卵。

（2）氯前列烯醇3～5毫克加生理盐水20～50毫升，注入子宫。同时加入青霉素180万单位，链霉素1克。

（3）氯前列烯醇6～10毫克加注水10毫升，肌注。

（4）催产素（OXT）50单位，皮下注射，两日一次，连续3～5次。

（5）肌注促黄体释放类激素400～600微克/头·次，连用2～4次。

（6）氟前列烯醇0.5～1.0毫克或氯前列烯醇500微克，一次肌注，一般注一次，必要时可隔10～12日再注一次。15甲基$PGF_{2\alpha}$每次2～5毫克，一次肌注。

（7）孕马全血，第一次20～30毫升，一次肌注。

7天以后再注一次，用量为30毫升，也可加注水，注入患侧子宫角。

（8）肌肉注射乙烯雌酚每日20～40毫克，连用3天。

（9）皮下注射胎盘组织液，一次20～40毫升，隔日一次，连用3～4次。

（10）皮下注射前列腺素$F_{2\alpha}$5～10毫克；肌（静）注氯前列烯醇（ICI80996）2毫升（0.2毫克）或4毫升（0.4毫克），注后48小时观察发情，第一情期配种可受胎66%；子宫灌注，用温生理盐水加青霉素、土霉素等抗生素，向子宫内灌注。氯前列烯醇疗效最好，子宫灌注不是同步使用。

（11）注黄体酮3次，每日一次，第二、三次同时注乙烯雌酚10～20

毫克或促卵泡生成素150单位,肌注,隔3天1次,连注3次。

2. 中药疗法

用复方仙阳汤,方用仙灵脾、阳起石、益母草、当归、赤芍、菟丝子、补骨脂、枸杞子、熟地等药。

中成药促卵生情,1剂/头·日,连用3~5天。

注:

孕马全血注射常有异常反应,如暂时性卵泡肿(不排卵),暂时性全身过敏,出现皮肤疹块,眼睑、乳头、皮肤发绀,水肿,流涎、食欲减退,严重者精神恍惚,但都可以自己消失。

五、输卵管异常

据路易丝曼测定,在500头荷斯坦母牛中有24头牛输卵管闭塞,其中有输卵管粘连、积液、管状囊肿、单侧或双侧闭塞。

组织学检查大都有炎症变化、白细胞增多;有的分离到嗜血杆菌、尿原体,使输卵管纤毛细胞卷曲、数量减少,致使不能把精子运送到输卵管正常位置受精,造成不孕。

治疗:

只有林可霉素可以延缓病变的发生,其他抗菌素无效。

如果是非炎性阻塞可以用通气、通水的方法打通。在人的不孕症检查与治疗中常用通水的方法。用加有抗生素的生理盐水注入输卵管,看是否通畅,一般只用自然重力,不特殊加压。

六、排卵延迟

卵泡发育和外表征候与正常发情一样,但久不排卵,发情时间可延长3~5日或更长。

治疗:

(一)LRH - A_3(促排Ⅲ)100~200微克,肌注。

(二)LH(促黄素)100~200单位,肌注。

（三）黄体酮50～100毫克、苯甲酸雌二醇5～10毫克混合肌注。

在发情中期肌注促黄体生成素100～200单位，用灭菌生理盐水稀释，或黄体酮50～100单位肌注。

七、受精紊乱

受精是精子和卵子在输卵管上1/3处结合成一个新细胞（合子）并发育成胚胎的过程。

受精紊乱是卵子在精子到达前死亡；卵子、精子结构和机能异常，如精子畸形、母牛生殖道阻塞、pH不合适都会妨碍受精过程；合子的运动、附植、着床；或者是卵子与精子之间存在着免疫性不相容等，从而发生受精紊乱。

治疗：

查明原因对症治疗。但受精紊乱的发生与母牛衰老、环境温度剧烈变化、营养缺乏有关。也有人为因素，如输精时机不合适，过早或过迟；使卵子达到受精部位时没有具有受精能力的活动精子，因为卵子的受精能力只能维持8～12小时，比精子保持受精能力时间短。

第三节　疾病性不孕不育

疾病性不孕不育是由于母牛生殖器官或其他疾病造成的不孕不育。

在做生殖道检查、难产的助产、胎衣不下剥离、子宫脱治疗、清宫放药以及人工受精时，都可能由于操作不卫生、不注意无菌操作，将病原微生物带入生殖道，造成不同程度、不同区段的炎症，发生溃烂、化脓、积液等不良后果。

1. 卵巢炎：发情排卵不正常，触诊时发现卵巢体积增大，有疼痛感。

2. 输卵管炎：除有炎性分泌物破坏正常的受精环境外，严重的可形成脓肿、闭锁等。

3. 子宫内膜炎：是造成不孕的常见病之一。子宫内膜炎，有卡他性、（表层炎症）隐性、化脓性、子宫积水、蓄脓等，都可造成久配不孕、发情不正常，甚至引发全身症状，体温升高、厌食、消瘦等。

笔者曾遇一头经两年多次配种不受孕的奶牛，四岁产过一胎。经检查，为子宫蓄脓。当时予以排脓清洗上药，连续治疗三次后向该区配种员了解，发情正常，但就是配不上。嘱畜主淘汰。

4. 子宫颈炎与阴道炎：常因此造成奶牛久配不孕。

治疗：

对于生殖道炎症的防治，原则上应从改善饲养管理入手，提高母牛的抗病力，在微生物入侵时，能发挥自身的免疫机制消除病原微生物。在产后加快子宫的复旧，也是预防微生物入侵的重要生理机制。

治疗方法：

（1）子宫冲洗：用1%或0.9%盐水或用0.1%雷佛诺儿，0.1%高锰酸钾，用子宫冲洗器冲洗子宫，收敛药可用1%明矾溶液。配药的水和器械都要消毒（灭菌）后使用。

在冲洗子宫时，药液温度要达到30℃～38℃，冲洗时间要短，冲洗液要全部排出。冲洗时或冲洗后奶牛若出现全身反应，也可以不冲洗。注射垂体后叶素，刺激子宫收缩，排出液体和渗出物。

（2）向子宫内放入抑菌类药物：

如青霉素、土霉素、磺胺类、喹诺酮类药，以及一些特制中成药栓膏剂。

如土霉素 5.5 毫克/千克体重，每日 3 克，连放三天。

青霉素 400 万～1200 万单位，每日一次，连放三天。

注射庆达霉素 250 毫升，溶于生理盐水中，注入子宫内。

宫必治一支，注入子宫。

(3) 全身性抗菌治疗：

磺胺、土霉素、青霉素、庆大霉素、头孢噻呋肌注(2.2 毫克/千克体重，每日一次)以及甲硝唑、环丙沙星等。根据病情或根据药敏试验选用。

可同时选用非甾体类(固醇)消炎药，如阿司匹林等，固醇类如地塞米松，可得松等配合治疗。慎用地塞米松。

前列腺素类似药物如氯前列烯醇、芬太列林可诱导黄体溶解，对治疗子宫内膜炎很有前途。

(4) 全身支持疗法：

静脉给葡萄糖、葡萄糖酸钙、维生素 C 等。

(5) 中药疗法：

加味四君子汤：

党参、白术、云苓、炙甘草、芡实、山药、莲子、陈皮、车前子、巴戟、补骨脂各 25 克，熟地、归身、炙芪、肉桂各 15～20 克，引用生姜一片、大枣五个、黄酒一盅、白鸡冠花一朵，原方剂量较小，奶牛体型大可酌情增加。(详见本书“子宫内膜炎治疗”)

第四节 其他因素所致不孕不育

一、子宫迟缓

多见于经产母牛、老年母牛和缺乏运动的母牛。子宫迟缓和产后子宫复原延迟都会影响母牛正常受孕、怀胎。其发病原因与饲养管理不合理，炎症治疗不及时有关。

治疗：

首先是改善饲养管理、加强营养供给、合理安排运动。

药物治疗：用子宫收缩药如垂体后叶素、缩宫素等。中药用益母草60克（或加大剂量）煎服。

还可用补中益气汤：黄芪70克、党参70克、当归35克、陈皮26克、白术33克、升麻24克、柴胡23克、炙草16克，为调补脾胃、益气升阳药。

六味丸或六味地黄汤（金匮要略）：熟地80克、山萸肉40克、山药40克、牡丹皮28克、茯苓28克、泽泻28克。本方是滋阴补肾药。

也可用直肠子宫按摩法促进子宫收缩，治疗子宫迟缓。如果是老年性子宫迟缓造成的不孕的奶牛可以考虑淘汰，不必花钱费时消耗物资。

二、某些传染性疾病所致奶牛不孕不育症

可致奶牛不孕不育症的传染病有牛布氏杆菌病、伪狂犬病、衣原体病、牛附红细胞体病、螺旋体病、牛传染性鼻气管炎，由昏睡嗜血杆菌、支原体、变异尿原体所致的颗粒性外阴综合征，还有弯曲

杆菌(日本、乔木和典)毛滴虫病、新孢子虫病、牛流行性流产、牛生殖道霉形体等病,都可以引起奶牛胎儿早期死亡、流产以及奶牛繁殖障碍病。

治疗:

有些传染病有特效疗法,有的没有特效疗法。如:布氏杆菌病目前尚无很好的治疗方法,只有通过加强饲养管理、定期消毒、定期检疫、及时淘汰病畜以及定期用 S_2 号或气雾 M_2 号菌苗进行免疫;伪狂犬病,无特效疗法,消灭牧场中老鼠有很重要意义;衣原体性流产可用金霉素治疗;牛附红细胞体病用血虫净加土霉素治疗;对螺旋体病,钩端螺旋体一般带菌动物可用链霉素(15~52毫克/千克体重,肌注,每日一次,连用3~5天)、土霉素(15~30毫克/千克体重,口服或肌注,每日一次,连用3~5天);对隐性、亚急性病例可皮下注射钩端螺旋体免疫血清或肌注青霉素、链霉素、金霉素,紧急预防接种钩端螺旋体病多价菌苗(皮下或肌肉注射);毛滴虫病可用那嘎宁、甲硝唑等药治疗,每隔24小时深部肌注15~30克甲硝异丙咪唑,用3次,或静脉滴注甲硝唑,在用此二药前要用抗生素(如青霉素)行几天全身治疗,因甲硝异丙咪唑易被细球菌属灭活,用此方法可提高治疗效果。

三、排卵障碍

排卵障碍不是一个独立的疾病,本病的发生与多种因素有关,如内分泌、气候、疾病等。

排卵障碍是指发情后48小时不排卵。可通过直肠检查是否排卵,进一步确定输精时间,如按一般规律输精,受孕的几率就小,但排卵后再输精就会延误受精机会。因为精子和卵子在生殖道内保持受精能力的时间不长(牛卵子保持受精能力的时间只有8~12小时,精子保持受精能力的时间约28小时或更多些)。

四、胚胎早期死亡

牛在输精后16~25天胚胎死亡发生的几率最多。

造成胚胎早死的原因有：内分泌紊乱，特别在受精后，雌激素下降，孕酮产量增加的生理过程不协调；或遗传及染色体畸形与近亲交配有关；精子或卵细胞衰老；气温过高；子宫感染，有时子宫内膜炎由于炎症刺激产生溶黄体物质导致胚胎死亡；还有妊娠后又误配等。我们根据病因进行对症治疗。胚胎早死有时候发现不了，有时会从阴门流出带血的核桃大小的早胚，或更小。

致胚胎早死的原因，还有精子或卵子衰老、母体营养不良，年龄偏老。

治疗：

胚胎早期死亡属早期黄体发育不良。

（1）LH（促黄体素）100~200单位，配种后4~5日、14~15日，各肌注一次。

（2）HCG（人绒毛膜促性腺激素）1000~2000单位，配种后4~5日、14~15日，各肌注一次。

五、抑制素免疫对动物生长功能的影响

抑制素是一种主要由动物性腺分泌的异二聚体蛋白激素，它选择性抑制垂体性腺激素（主要是FSH）的分泌，进而影响动物的生殖活动。而利用抑制素对动物主动或被动免疫可提高排卵率，提高繁殖能力，所以越来越受到人们的重视。

六、产后母牛乏情（高产奶牛产后60天内不发情）

治疗：LRH－A_3（促排Ⅲ）100~200微克肌注，于产后12~14日注射；$PGF_{2\alpha}$（氯前列烯醇）2~4毫克，产后25~30天（卵巢有黄体）肌注。

七、医疗后遗症

子宫内注入大量液体压力增加；或温度不当、渗透压较高，或者冲洗液刺激性较大导致子宫积液量较大，刺激子宫造成生殖器官收缩性降低；或炎症扩散导致萎缩、机能衰退或造成阔韧带和子宫松弛，子宫由骨盆腔下垂入腹腔，牵着阴道也向前向下垂，因此排尿后，部分尿液逆流到子宫颈口周围，刺激引起这里发炎，精子到此后死亡，造成不孕；另外子宫颈口不能闭合，外界空气、细菌、粪尿进入阴道、子宫，导致炎症加重，使精子在此活动下降、死亡，引发不孕。

在治疗子宫炎症时，要充分发挥其自净作用和修复作用。中药在治疗中可以起到保护和调节的作用。

奶牛乏情、激素治疗的几个问题：

(1)用 GnRH 促性腺激素释放激素诱导发情，排卵与发情效果并不一致。

(2)促性腺激素、FSH(促卵泡素)肌注 200～400 国际单位，肌注促黄体素 200～400 国际单位，注射后 3～6 天根据囊肿变化，必要时重复注射一次。由于 FSH 和 LH 半衰期短、价格贵，实践中多用胎盘性腺激素 PMSG 和人绒毛膜促性腺激素(HCG)。雌激素可促使发情，而排卵少。

(3)溶黄体素($PGF_{2\alpha}$)剂量不能大，大了会引发流口水、呕吐、腹泻、运动失调、尿频等不良反应。

(4)用促乳素抑制剂溴隐亭诱导发情效果好。

第五节　奶牛不孕不育中兽医药疗法

中兽医学具有独特的理论体系和丰富的病症防治技术。尤其在奶牛不孕不育治疗中常会收到理想的治疗效果。

现分别予以介绍:

一、赤带不孕(情期出血)

用青霉素冲洗子宫2~3次。

服用:艾叶90.0克、牡蛎80.0克、当归80.0克、香附60.0克、白及60.0克、土茯苓60.0克、蒲公英60.0克、川芎60.0克、白蘚皮60.0克、元胡60.0克、炒黄柏60.0克、柴胡30.0克、天花粉30.0克、白敛40克、甘草20.0克,一日一剂,连服三剂。

二、白带不孕

用青霉素冲洗子宫2~3次。

服用:白术60.0克、党参60.0克、山药120.0克、白芍30.0克、车前子30.0克、柴胡30.0克、陈皮40.0克、荆芥60.0克、甘草20克。

三、子宫迟缓(宫寒不孕)

服用:党参60克、山药60克、熟地40克、益母草120克、元胡60克、当归65克、淫羊藿80克、升麻50克、菟丝子60克、甘草20克,加柴胡、肉苁蓉、吴茱萸、红花。

四、卵泡囊肿

以破血去淤使囊肿消散。服用:三棱、莪术、香附、藿香各50克,青皮、陈皮、桂枝、益智仁各40克,肉桂25克、甘草15克。

五、持久黄体

复方仙阳汤：仙灵脾、阳起石、益母草、当归、赤芍、菟丝子、补骨脂、枸杞子、熟地，若口色淡白、大便稀加附片、官桂，若黄体囊肿加莪术、三棱、红花等。

六、衰弱不孕

方：党参、白术、茯苓、炙草、山药、芡实、莲子、陈皮、车前子、巴戟、补骨脂、归身、小茴香、生姜、砂仁各15克，黄芪30克，杜仲30克。连服3~5剂，每日一剂。

七、肥胖不孕

方1：炒苍术25克、滑石25克、制香附20克、半夏20克、茯苓23克、六曲25克、陈皮20克、炒枳壳16克、莪术15克、三棱15克、甘草13克、升麻7克、柴胡15克。连服三剂，隔日一次。

方2：川芎、白术、半夏各60克，茯苓30克，陈皮35克，甘草20克，加黄柏、益母草、阳起石、淫羊藿等。

八、卵巢机能减退或萎缩不发情

(1)体质健壮多年不孕，子宫正常而卵巢硬小或有持久黄体，或每次发情卵泡不能成熟而萎缩的母畜。

治宜通经活血或破血去淤，选用下方：

方1：当归30克、川芎20克、桃仁15克、红花15克、玉片15克、枳实15克、三棱12克、莪术20克、大枣20克、黄酒白糖各120克为引。

加减：口色黄者加茱萸、党参各20克，拉稀的加白术、茯苓各30克，去玉片。

方2：阳起石45克、淫羊藿30克、当归25克、川芎25克、红花20克、益母草45克、白芍25克、白术25克、炙香附30克、熟地45克、肉桂20克、陈皮15克。

煎水灌服,4 剂,同时再将益母草 250 克,加黑豆十斤混合煮熟,在 3 ~4 日内吃完。

(2)体质一般尚好或者稍弱的,用大温经汤加减:

茱萸 15 克、当归 30 克、川芎 20 克、白芍 15 克、香附 30 克、白术 20 克、阳起石 60 克、淫羊藿 60 克、党参 20 克、阿胶 20 克、丹皮 15 克、肉桂 15 克、小茴香 15 克、甘草 10 克,酒、糖、生姜为引。

(3)治奶牛不发情方:

淫羊藿、菟丝子各 60 克,醋炒香附、益母草各 80 克,当归 80 克、补骨脂、肉苁蓉各 50 克,共为末,开水冲,候温灌服。

(4)久病虚弱、肾亏而不发情的,治宜补肾,内服养情汤:

方 1:当归 30 克、川芎 15 克、菟丝子 30 克、淫羊藿 30 克、阳起石 30 克、续断 25 克、骨碎补 25 克、炙黄芪 30 克、党参 15 克、白术 15 克、远志 15 克、石菖蒲 5 克、黄酒 4 两为引,隔日一剂,服三剂。

方 2:桂枝 45 克、白芍 60 克、生草 30 克、龙骨 40 克、牡蛎 45 克、生姜 30 克、淫羊藿 45 克、阳起石 45 克、大枣 10 个。

(5)治奶牛常发情而不孕:

方用:山药 100 克,芡实 80 克,当归 100 克,益母草 60 克,党参 60 克,白术 80 克,枳壳、杜仲各 50 克,香附、滑石、云苓各 50 克,甘草 20 克。

九、胎动

白术散(元亨):炒白术 33 克、砂仁 20 克、当归 33 克、川芎 20 克、白芍 20 克、熟地 33 克、党参 33 克、陈皮 25 克、苏叶 25 克、黄芩 25 克、炒阿胶 33 克、甘草 10 克、生姜 16 克。

安胎保孕散 2(体虚宫寒引起胎动不安者):熟地 60 克、砂仁 60 克、归身 33 克、川芎 16 克、党参 25 克、沙参 25 克、续断 60 克、桑寄生 33 克、广木香 10 克、苏梗 33 克、焦香附 60 克、白术 45 克、皮陈21克、煅龙骨33克、炒没药22克、锁阳25克、炙黄芪90克、阿胶珠25克、炙甘草25克、黄芩45克。

十、卵巢功能失调性不孕症

根据中兽医的辨证分型理论，主要有肾阳虚和气滞血瘀型。肾阳虚病畜多消瘦，口色淡白，脉象细弱无力，被毛不顺，无光，小便清长，大便稀薄等，这些病状与卵巢静止、卵巢萎缩相似，实验室测定其雌激素水平低；气滞血淤型的病畜表现为口色淡白和晦暗，脉象沉细，久不发情，实验室测定这些病畜孕酮含量较高，与持久黄体、黄体囊肿相似。

治疗：筛选用中药方剂：仙灵脾、阳起石、益母草、当归、赤芍、菟丝子、补骨脂、枸杞子（或黄精）熟地，名为复方仙阳汤。若口色淡白晦暗、大便稀薄，加附片、官桂，以温补肾阳；若黄体持久不消退或黄体囊肿者，加莪术、荆三棱、红花、桃仁，以破血祛瘀，每日一剂，连服3日为一疗程；病程较长、黄体较大或卵巢较硬而小的病例适当加服剂数。灌药方法：将药浸泡1～2小时，煎两次，候温胃管投药。

在上述复方仙阳汤基础上加白酒（加酒0.5～1.0毫升/千克体重）改制而称复方仙阳酊、效果更好。据试验有效率为94.6%，三个情期受胎率为84.1%。

十一、卵泡萎缩及交替发育

即卵泡发育到中途停止，外部的发情症状也逐渐消失。交替发育是一侧卵巢上发育的卵泡停止发育，而对侧或同侧卵巢上又有数目不等的卵泡出现发育，但不等到成熟又萎缩。其也可能诱发卵巢萎缩。卵巢体积缩小，似大豆或蚕豆，卵巢上无黄体或卵泡、质地坚硬，极少发情。

治疗：

用促性腺释放激素类似药物（LRH）1000 单位肌注，用生理盐水 5 毫升稀释，隔日一次，连用 3 天，接着用三合激素 4 毫升肌注，促卵泡素 100 ~ 200 单位，每天一次或隔日一次。促进卵泡发育成熟排卵，或可注射绒毛膜促性腺激素 500 ~ 2000 单位。

十二、针对症状性不孕不育

采取措施提高受胎率：

给母牛输精后 5 ~ 7 分钟及时肌注催产素 100 单位。在母牛输精的当天和第 5 ~ 6 天，给母牛肌注维生素 A、D 针 5 毫升，按每千克体重 5 ~ 10 毫克的维生素 E，肌注。

在母牛输精后肌注促性腺激素 1000 ~ 2000 单位。

在母牛输精后随即分别一次注射 0.2% 亚硒酸钠注射液 25 毫升、维生素 E 25 毫升。

对卵巢不好的乏情牛，注射 0.5% 新斯的明注射液 2 毫升，每隔 18 小时注一次，共注 3 次，在第三次注射时，同时注射孕马血清促性腺激素 100 单位，可使大多数母牛卵巢机能得到恢复，并排卵、配种受孕。

对卵巢囊肿和卵巢机能减退的育龄母牛，每天每头肌注孕酮 50 毫升，连用 6 天后再注绒毛膜促性腺激素 1000 ~ 5000 单位，可使 7% ~ 8% 的牛发情，配种使 42% 以上牛受孕。

第六节 重视奶牛发情配种以及提高配技术，防治奶牛不孕不育

一、奶牛异常发情的诊治

1.孕期发情

多见于母牛怀孕 3～5 个月龄期，接受爬跨，阴道检查见子宫颈口缩短或半收缩，无发情黏液。直检已妊娠。这主要是卵巢失调。

防治：注射黄体酮保胎，严禁盲目配种。

2.隐性发情

多见于泌乳盛期母牛，发情表现不明显，直检：在卵巢上有成熟的卵泡能排卵。

防治：加强营养，促进激素分泌平衡；严格掌握发情周期，注意观察微小的发情变化，适时输精。

3.断续发情

见于卵巢囊肿、卵泡交替发育的牛。

防治：卵泡囊肿注孕酮 50～100 毫克，隔日一次，共 2～7 次。

卵泡交替发育的牛，注促卵泡素 100～200 单位，隔日一次，卵泡发育成熟，输精配种。

4.不发情

见于营养不良、全身性重病、子宫内膜炎、持久黄体、产奶高峰期的牛，根据不同情况对症处理，可用绒毛膜促性腺激素催情催奶。

二、提高乳牛繁殖率的几点措施

1. 对难孕牛使用促排2号（注射用促黄体释放激素类似物）：难孕牛是指发情期正常、发情症状明显、持续时间长、多次输精不孕，直检发现卵巢上卵泡膜较厚、不转薄，隔日卵泡退化，摸卵巢无明显排卵凹陷。用促排2号400毫升肌注，效果很好，情期受胎率83%。

2. 配前或配后净化子宫。子宫内膜炎是导致奶牛不孕的重要原因。对有子宫内膜炎的牛要停配，轻者排出带泡沫或脓汁的黏液，在配种前6~8小时或配种后6小时用300万单位以上青霉素，1~2克链霉素加10~15毫升生理盐水进行子宫灌注。

3. 黄体酮预防牛胚胎早死。对配种后30天以上曾出现过发情病史的牛，在配种后7~10天肌注黄体酮60~100毫克，以预防牛胚胎早死。

4. 奶牛预产期前3~5天、产后15天各注一次维生素$D_3$300万单位，可防产后轻瘫，减少胎衣不下，促进子宫净化、子宫复旧，增进食欲，提高繁殖力。

5. 及时正确治疗产后厌食症。产后厌食严重者产犊后不食，不反刍，站立不稳，肩胛部肌肉震颤，拱背，呻吟，体温正常，瘤胃蠕动停止，鼻镜干燥，舌苔黄厚，有时空嚼、磨牙，排黑色稀粪带血，黏液恶臭，尿少而黄，奶产量下降。防治方法见产后厌食症的治疗。

6. 为了缩短乏情期（产后40~60天母牛暗发情），促使母牛在产后40天正常发情，采用生殖激素诱导发情是有效的，即在母牛产后20天及35天两次注射促性腺激素，每次100微克。47天时注射25毫克前列腺素，或使用国产黄体素（LRH－A）200~300微克，也有缩短空怀期作用。

7. 最关键的是日常管理中实行科学合理的营养供应，正确的运动、刷拭,提高机体的抗病能力和身体素质。

8. 很关键的一点是要正确掌握冷配技术,搞好服务,提高情期受胎率。

9. 做好母牛的发情观察。母牛发情持续时间短,约 18 小时,25% 的母牛发情症候不超过 8 小时。而大多数母牛在下午到翌日清晨前发情,发情爬跨的时间大部分(约 65%)集中在 18 时至翌日 6 时,特别是集中在晚上 20 时到凌晨 3 时之间(约 80%),母牛在发情终止后 7 ~ 14 小时排卵。漏情母牛达 80%,其原因主要是辨认发情症候不正确,另外有 5% ~ 7% 怀孕母牛出现再次发情。

10. 提高输精效果,除适时输精外,还可以在输精的同时净化子宫。其方法是在母牛配种前用红霉素 100 万单位、蒸馏水 40 毫升,稀释后注入子宫;也可以在配种前 8 ~ 12 小时在子宫内注入硫酸新斯的明 10 毫克、青霉素 80 万单位和生理盐水 30 ~ 50 毫升的混合液。

三、提高奶牛人工受精受胎率的技术措施

1. 保证精子质量

贮存和分发精粒须在液氮中,取用操作要快,从液氮中取出在空气中停留时间不得超过 5 秒,取用精粒时严禁把颗粒提到罐口。

快速解冻:在准备输精时,先取适量解冻液放入清洁灭菌的试管中,并将试管置于 38℃ ~ 42℃ 的温水中升温,打开液氮罐,将冻精提到颈口,用预冷的灭菌镊子取出冻精,放入解冻液中快速解冻。必须注意,所接触冻精的器械都应该消毒、灭菌。必须在 5 ~ 10 秒内解冻结束且应立即输配。冻精解冻后的活力必须在 0.3 以上,否则不能保证母牛正常受精。

2. 掌握正常排卵时间和输精的适宜时机,做到适时配种

奶牛发情持续时间一般是 30 ~ 36 小时。90% 的奶牛发情旺

盛期持续 15 ~ 18 小时，排卵发生在发情开始后 20 ~ 24 小时内。此时发情的外部表现停止，性欲开始消失，拒绝爬跨，外阴部红肿消退，黏液变稠，这时是适宜的输精时间。

实际工作中可以这样安排，如上午发现母牛接受爬跨，安稳不动，应于晚上或第二日清晨进行输精，如果下午发现母牛接受爬跨，安稳不动，应于第二天清晨或傍晚进行配种。

要做好适时输精必须做好发情鉴定。

(1)外部表现

发情前期：神态不安、食欲减退、鸣叫、阴唇轻微肿胀、充血、黏膜是粉红色的、阴门排出少量清水样黏液、黏性弱、放牧时频频抬头寻找牛群或乱跑、但不接受爬跨。

发情中期：鸣叫不止、两耳竖听、追随其他牛群、爬跨其他母牛、相互舔舐、嗅闻、闪腰举尾、频频排尿、阴门流出多量透明黏液、粘性强；阴唇肿胀明显，比休情期约增大 1/3，潮红、黏膜充血、愿意接受爬跨，被爬跨时站立不动，并回头探望。

发情后期：不再哞叫，阴门中排出的黏液由透明状变为半透明，量逐渐减少；阴唇外缘有干壳结痂，肿胀逐渐减退出现皱纹、食欲恢复，不接受爬跨。

(2)直肠检查

通过直肠触摸卵巢上卵泡发育情况以及子宫变化情况。卵泡随着发情盛期的到来，体积不再增大，泡体由硬变软，泡壁由厚变薄，波动感明显并扩及整个卵泡，最后破裂，释放卵子，并于卵巢上形成一凹陷，后逐渐形成黄体；发情母牛子宫内膜增生充血；旺盛期多数母牛被触摸时，子宫卷曲，质地变硬，呈“勃起”状，体积较休情期大，这是发情母牛又一特征。

(3)公牛试情

根据母牛的精神状态、公牛的行为进行判断。

(4)要做好适时输精必须明确三个时间的界定

①一般母牛发情外部表现维持20～26小时，青年牛为26～32小时，壮年牛为22～30小时，老年牛为18～24小时。

②排卵时间是在发情结束后6～12小时，排出的卵子能正常受精仅为6～10小时。

③精子在母牛生殖道内仅存活12～20小时，其中还有4～6小时的获能过程才能与卵子结合受精。

因此采取“老配早、少配晚、不老不少配中间”的方式

(5)配种方式和时间

最好采取复配方式，坚持两次输精。即在母牛表现发情后10～12小时进行第一次输精，间隔10～12小时后重复配一次。用此方法配种受胎率较高。

3. 直肠把握输精

掌握好输精部位，如果能确定卵泡发育侧，将精液输到卵泡发育侧子宫角基部即可，如不能，可输到子宫颈深部或子宫体内。输精时不能将精液输得太深，以免影响精子获能和损伤子宫膜。(具体操作程序见后)

4. 严格操作规程

对器械和外阴都要严格消毒，输精操作做到“适深、慢插、轻注、缓出”八字要领。

当输精器到达子宫颈口，向前推进有阻力时要弄清原因，移动角度，切忌用力硬插。

遇母牛子宫下垂时，可通过直肠用手握住子宫颈，慢慢向上提拉，输精管就容易插入。

5. 适当运用激素可提高受胎率

在输精前 1 ~2 分钟向子宫内输入 1 毫克含 3 ~10 单位的催产素或垂体后叶素。

①肌注催产素:输精后 5 ~7 分钟给母牛肌注催产素 100 单位,受胎率可提高 28%。

②注射促性腺激素:母牛输精后肌肉注射促性腺激素 1000 ~2000 单位,可提高受胎率 12% ~19%。

③注射缩宫素,它具有加强子宫蠕动、收缩的能力,也可促进排卵和精子在生殖道内运行的能力。

输精后 10 分钟给母牛肌注缩宫素 100 单位,使受胎率提高 20%。

④肌注维生素:于输精的当天和第五天肌注 VA 60 万单位、VE 50 毫克,可使情期受胎率提高 18%。

⑤肌注亚硒酸钠和 VE:一般牛胚发育到 5 ~12 天时死亡率最高,这与母牛缺乏 VE 和碘有直接关系。在输精当天给母牛深部肌注亚硒酸钠维生素 E 注射液 30 ~50 毫升,或溶解于水中供牛饮用。可使情期受胎率提高 20%。

⑥注射前列腺素:前列腺素对卵巢有很强的溶黄体(持久黄体)作用,可促进平滑肌收缩、促进排卵、清除黄体囊肿。肌肉注射 0.3 ~0.4 毫克,用后 2 ~3 天黄体消退,开始发情配种。

⑦皮下注射初乳:对长期不发情的母牛,皮下注射产后 1 ~3 天的初乳 20 毫升和 0.5% 新斯的明注射液 2 毫升。注入牛颈部皮下,可使母牛很快发情,配种可受孕。

⑧肌注促性腺释放激素($LpH-A_3$200 微克),卵泡很快成熟排卵。可提高受胎率 11%。

产后 4 个月屡配不孕的母牛(老)在输精 1 小时内肌注 $LpH-A_3$2000 ~4000 微克,情期受胎率达 67.1%,而正常排卵母牛注射 $LpH-A_3$3000 ~3200 微克后,情期受胎率提高 25%。

⑨在母牛饲料中添加4%干大葱粉，每隔3天喂1次，母牛发情配种、受胎率提高21.5%。

第七节　常见微量元素缺乏性繁殖障碍症

微量元素是指在动物体内含量甚少的那些元素，如铜、铁、锌、锰、硒、铬、钴、碘、钼、氟、锡、砷、硅、矾、镍。后六种称为新6种必需微量元素，它们在动物体内含量甚微，但不能缺少，它们在动物体内都发挥着不可替代的生理作用。

微量元素在动物体内的生理作用与含量之间有密切关系，当它们在体内含量低到一定程度时，就会发生某元素缺乏症，不同的元素缺乏会引发不同的生理障碍和疾病。现在介绍几种与繁殖障碍有关的微量元素缺乏症。

一、硒缺乏症

病因：主要是由于地区土壤中缺硒，从而导致饲料饮水中硒供应不足，我国有29%的地区缺硒。

临床表现：一般认为饲料硒水平0.1ppm为适量，低于0.03ppm则发病；土壤含硒量低于0.5ppm时所生长的植物含硒低于正常。

运动机能障碍：奶牛喜卧、起立困难、肢腿僵硬、步态强拘、行动缓慢、跛行。

心脏功能障碍：心跳加快、脉搏细弱、节律不齐，有的因剧烈运动而猝死。

消化机能紊乱：在伴有VE缺乏时更明显，因脑组织软化常出现兴奋、痉挛、抽搐等症状。

繁殖机能障碍:公牛精液不良、受精能力差;母牛发生受胎率降低,受胎的发生流产、早产、弱胎、死胎、胎衣不下;泌乳母牛产奶量下降或停奶。

犊牛、羔羊因硒缺乏发生白肌病。

白肌病的共同症状(基本症候群)主要是机体衰弱、运动障碍、消化扰乱等。

运动机能障碍:新生幼畜体弱,不能自行起立,不愿活动,驻立时四肢僵硬,运动强拘,躯体摇摆,腰背拱起。重症者起立困难,站立或运动肌肉震颤,行动迟缓,原因不明的跛行,共济失调,有时跪行,有时犬坐,甚至卧地不起,触诊腰背、臀部、肌肉群坚实、僵硬、疼痛、躲闪。

心力衰竭:心跳加快,心律不齐,脉搏细弱,尤其在兴奋或运动时更为明显,有时在惊吓或剧烈运动时,因心力衰竭而猝死。

消化机能紊乱:持续性腹泻,食欲减退,消化不良,有时有异嗜和吞咽困难现象。

精神沉郁,生长缓慢,皮肤、黏膜苍白(贫血)或黄染(肝病、溶血),胸、腹皮下水肿。

羔羊:除有上述共同症状外,大多不能自行起立,行走不稳,共济失调,心搏动200次/分,有时仅能听到一个心音;大多有下痢,但也有便秘的,呼吸浅而快,达80~90次/分;角膜混浊、软化甚至失明,尿淡红色或红褐色,尿糖、尿蛋白增多。

犊牛:除有上述症状外,并有站立不稳,共济失调,肌肉震颤,心搏增快达140次/分,呼吸达80~90次/分;多数有结膜炎,甚至角膜混浊或软化;排尿次数增多,尿糖、尿蛋白、尿酸含量升高,最后食欲废绝,卧地不起,角弓反张,多死于心力衰竭或肺水肿拉黑色、灰绿色稀粪。

反刍动物硒缺乏症诊断要点：反刍动物最易患白肌病，临床表现为跛行，站立不稳，腰、背、臀肌疼痛及心跳呼吸和消化机能障碍。动物缺硒时，尤其是冬季红细胞抗低张性生理盐水的能力下降，常有渗透性溶血和过氧化物性溶血，这是红细胞膜结构受损的标志。

本病主要依据局部所出现的临床症状来诊断，如掉毛、拱蹄、繁殖机能变化、胎儿畸形等可疑为本病。

二、锌缺乏症

因地区缺锌，饲料中锌含量不足，或其他因素干扰了锌的吸收，引起一种非炎性、热性皮肤疾病。临床表现为皮肤皲裂，皮屑增多，蹄壳变形、开裂，甚至磨穿，生长缓慢，骨骼发育异常和繁殖机能下降等特征。

锌缺乏症可发生于各种动物。尤其是牛、羊等皮毛动物，因缺锌产生掉毛、消瘦而影响产量和质量。

病因：锌缺乏症可因地区性缺锌引起。我国大多数省份贫锌或缺锌，因此锌缺症十分普遍。

临床表现：锌缺乏症以慢性、非炎性皮炎为特征。该病以无热候、皮肤增厚、皮屑多、掉毛、擦痒为特征。缺锌动物食欲减退，生长缓慢，睾丸萎缩，精子发育成活受阻，还有骨骼发育障碍，骨短、粗，长骨弯曲，关节僵硬等共同症状。

牛：严重缺锌病牛有皮肤角质化和掉毛现象，受影响体表可达40%，在嘴圈、阴户、肛门、耳廓、后腿的背侧，膝、腹部、颈部最明显；多数动物体况下降，用嘴啃皮肤，有痒感，皮肤逐渐增厚，继有皮屑；有的甚至生长停滞。用锌治疗，1 周内明显好转，3 周内康复。实验性锌缺乏动物生长缓慢，运动僵硬，蹄冠、关节、跗关节及腕部肿胀,患畜掉毛,牙周出血,牙龈溃疡。

绵羊:自然病例表现为掉毛,皮肤增厚、皲裂,羔羊生长缓慢,流涎,跗关节、眼、蹄冠皮肤肿胀、皲裂。公羊羔睾丸萎缩、精子生成完全停止,当饲料中锌达到32.4毫克/千克,可恢复精子生成。母羊缺锌时,繁殖能力下降。

山羊:实验性缺锌引起生长缓慢,食物摄入量减少,睾丸萎缩,被毛粗乱、脱落,在后区、阴囊、头颈出现皮肤角质化,四肢下部出现裂隙、渗出。

诊断:本病根据特征性临床症状,如皮屑增多、掉毛、皮肤开裂、经久不愈、骨短粗等而作初步诊断。补锌后经1~3周,临床症状迅速好转。

三、锰缺乏症

因饲料中缺乏锰或因钙、磷等干扰成分含量过高,引起原发性和继发性动物锰缺乏症。临床上表现为繁殖机能障碍、不育、不孕和骨骼短粗、肌腱滑脱等现象。可以因母畜缺锰引起幼畜先天性缺乏锰,也可在出生后,因饲料中缺锰,引起后天性锰营养缺乏。

病因:原发性锰缺乏症呈地方流行性。石灰岩风化的土壤中锰含量较少,土壤中锰小于3毫克/千克,就可产生锰缺乏症。碱性土壤,可降低植物对土壤中锰的吸收和利用。土壤中铁含量过多,亦可减少植物对锰的吸收。钴亦可减少锰的有效性,在反复施钴肥防止动物地方性消瘦时易降低植物中锰含量。

临床表现:动物缺乏锰有许多共同的表现。如骨骼短、粗,骨重量正常;腱容易从骨沟内滑落,形成“滑腱症”;繁殖机能障碍,母畜不发情、不排卵,公畜精子密度下降、精子活力减退。

牛缺锰易引起不孕症,犊牛的骨、关节先天性变形,生长不良,被毛干燥、褪色,关节扩大、腿拧曲。羔羊长骨变短,虚弱,关节疼痛,不愿移动,瘫痪。母羊、母牛繁殖性能下降,常发情延迟,流产、难产比例增多,常要多次配种或多次人工受精才能受孕。约1/4的羊在妊娠3~5个月时流产,新生羔羊雄性比例增多。

诊断:诊断本病主要根据临床表现。如母畜繁殖机能下降,不孕、不发情或屡配不孕;骨骼变形、短粗,有滑腱表现,但骨骼灰分重量不变,新生仔畜常有关节扩大、骨骼变形等特点,有时还会平衡失调,受到突然刺激时,不平衡现象更为严重。

四、钴缺乏症

因饲料或饮水中缺乏钴,引起厌食、极度消瘦和贫血的现象称为钴缺乏症。钴缺乏症发生于牛、羊等反刍动物。

病因:地区性缺钴。世界上有许多地方未经改造时,似乎不适宜发展反刍动物。如风沙堆积性草场,沙质土、碎石或花岗石风化的土地,灰化土或是火山灰烬覆盖的地方,都严重缺乏钴。

临床表现:牛、绵羊、山羊在低钴草场放牧数周或数月内,外表仍明显健康,但继续下去,畜群中有些动物就会渐进性食欲减退,被毛由黑变为棕黄色,贫血,可视黏膜淡白,易疲劳,生长迟缓,甚至羊毛、奶产量下降,毛脆而易断、易脱落,动物痒感明显,后期还有繁殖下降,拉稀,流泪等症状,特别是绵羊,其会因流泪而使面部潮湿,这是严重钴缺乏症的最明显特点。当牛、羊在缺钴草地放牧6个月以上,症状日趋明显,3~12个月可出现死亡。

诊断:当动物出现不明原因的消瘦,绵羊流泪,而非反刍动物却不受影响时,可试用钴制剂治疗,然后观察动物采食是否增加,体重是否改善。但仅从临床表现很难作出结论。

微量元素缺乏症的治疗与预防:

1. 硒缺乏症

给犊牛皮下或肌肉注射5~10毫升0.1%的亚硒酸钠,每10

天重复注射一次，同时配合肌注维生素 E300～500 毫克。也可注射含硒型牲血素，其中含铁量 150 毫克/毫升，含硒量 1 毫克/毫升，可根据说明和奶牛体重进行治疗。

2. 锌缺乏症

饲料中补给锌盐如硫酸锌、碳酸锌、氧化锌等，牛用剂量一般为 0.11 克/100 千克体重。

3. 锰缺乏症

改善饲养，给予富锰饲料、青绿饲料和块根饲料或大麦、小麦、糠麸等含锰较丰富的饲料。或在饲料中添加硫酸锰 12～24 克/100 千克，牛日粮中需锰 20ppm（ppm 百万分之一）。

4. 钴缺乏症

可内服氯化钴或硫酸钴，也可配合内服硫酸铜，每天 300 毫克。肌注维生素 B_{12}。

5. 饲料中按日粮标准要添加多种微量元素，以防止发生微量元素缺乏症。或有针对性地在饲料中添加某一种微量元素，市售的多种微量元素和维生素、微量元素预混料等可供选用。

第三章　奶牛现代繁殖技术

第一节　冷冻精液人工受精技术

传统的奶牛本交繁殖已很少应用,已被人工受精所取代。特别是进入20世纪70年代,在奶牛繁殖中已广泛采用冷冻精液人工受精技术。它的优越性很多,如:充分发挥优良种公牛的遗传潜质;加快奶牛良种化的进程;提高奶牛的受胎率;可异地配种;减少种公牛的饲养费用;采用人工受精技术,可以避免布氏杆菌、胎儿弧菌等传染病和传染性阴道炎的发生。

1. 冻精的储存与运输

目前奶牛配种员都是从特许的冻精站领取或购买冻精。每个配种员,必须有储存冻精的液氮罐、和小型便携式液氮罐,以方便储存和携带、运输。液氮温度在零下170℃ ~196℃时,应及时添加液氮,保证罐内最低温。

2. 冻精液的解冻温度以及操作是否正确直接影响解冻后精子的活力。目前认为,40℃左右的温度解冻效果最好。由于剂型不同,解冻方法也有不同。

(1)细管型冷冻精液:可直接将其投到40℃ ±2℃的温水中,待精液融化一半时,立即取出备用;受精人员也可将细管冻精液装入贴身的衣袋里,通过体温使其解冻。

(2)颗粒型冷冻精液:需用解冻液进行解冻,可分为干解冻和湿解冻两种。干解冻是先将灭菌试管置于40℃ ±2℃的温水中,恒温放置再投精粒,摇到融化。

目前,使用细管冻精为多,因其简单易行,装在输精枪上便能输精。

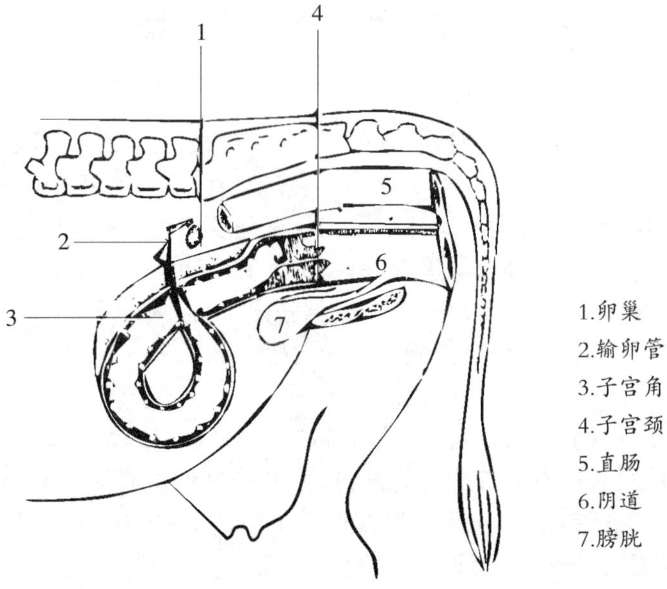

图3-1　母牛的生殖器官

3. 适时输精

适时而准确地将一定量的优质精液输到发情母牛生殖道的适当部位，是提高母牛受胎率的关键。

(1)输精前的准备

输精器械的准备：输精器械和接触精液的器皿在输精前必须彻底洗净和消毒。细管冻精所用的输精枪，要在输精时套上塑料外套，再用酒精棉擦拭外壁消毒。一牛一套，输精完毕，将枪套烧掉或深埋。

母牛的准备：保定好接受输精的母牛，并对其外阴进行擦洗、消毒。先将受配母牛的尾巴拉向一侧交给保定人员，用0.1%的新洁尔灭液或0.1%的高锰酸钾溶液擦洗外阴部(包括阴门、会阴)，再用消毒毛巾由里向外擦干。

输精人员的准备：把指甲剪短磨光，洗手消毒，用消毒毛巾擦干，再用75%的酒精棉擦手。待酒精挥发后即可操作，操作应戴长臂乳胶(或一次性)手套，在手套内擦上滑石粉，穿上防护衣、胶靴等。

精液品质检查：按国家标准GB4143~2008要求，每单位剂量冷冻精液解冻后，精子活力不低于35%，直线运动的精子不少于800万个，精子畸形率不高于18%，每毫升非病原菌数小于800个。

(2)输精方法

阴道开膣器输精法：先将开膣器竖插入阴道再慢慢拧正，手柄向下、张开，借助开膣器内壁上的灯光找到子宫颈口，或助手用手电照明，然后用另一只手将输精管插入子宫颈1~2厘米处，徐徐推入精液后退出输精器及开膣器。此时要摆顺开膣器，避免夹住奶牛阴道壁，如夹住阴道壁，奶牛会受痛而前蹿。

直肠把握输精法:输精时先用手轻轻揉动肛门,使肛门括约肌松弛。一只手戴一次性长臂手套,伸入直肠掏出宿粪,然后隔着直肠握住子宫颈后端,另一只手持输精枪(管)并由进入直肠的手固定和协同动作,将输精管插入子宫颈螺旋襞,将精液输入子宫内5~6厘米处。

此法的优点是用具简单,操作安全,不易感染;母牛无痛感;同时可以检查卵巢状态,以免输精错误造成流产;输精部位深,受精率可提高10%~20%。

(3)输精时应注意的事项

①输精量和有效精子数

如用液态冻精液(常温)输精1~2毫升,有效精子数为$3.0\times10^7-5.0\times10^7$个。另外,子宫颈口受精,易发生精液倒流,故需多输些精子,最少要10^8个精子。把握输精,在子宫颈深部或子宫体内受精,有效精子数为$5.0\times10^6\sim1.0\times10^7$个。

②输精部位

实践证明子宫颈深部输精比子宫颈浅部输精受胎率高,但过深或在子宫角内输精,并不能提高受胎率,因为精子需要在子宫内获能,才能到达输卵管上三分之一处与卵子接合并进入卵子,从而使卵子受精。

③输精时间

主要根据奶牛发情后的排卵时间,精子和卵子的运行速度及共同到达受精部位的时间来决定适宜的输精时间。

牛精子大约需要2~13分钟才能运行到输卵管壶腹部。但是进入母牛子宫内的获能时间大约为20小时,因此一般输精在前,母牛排卵在后,精子快速运行到输卵管壶腹部,经过获能,具有了受精能力而等待卵子的到来。

母牛卵子进入输卵管伞后，在输卵管内靠输卵管的收缩，液体流动和纤毛摆动而运行到壶腹部的时间为 6～12 小时。卵子在输卵管内有受精能力的时间为 8～12 小时，当卵子进入输卵管峡部后，便失去了受精能力。

从行为上看，当发情母牛接受其他牛爬跨而站立不动时，再推后 12～18 小时配种较好；从流出的黏液来看，当黏液由稀薄透明转为黏稠混浊状，用手指挑取黏液，当拇指和食指间的黏液可牵拉 7～8 次不断时即可配种。通过直肠检查卵泡发育情况，判断发情排卵最可靠。在生产上，一般是母牛早上发情晚上配种，晚上发情，次日早上配种，另外，还要结合"老配早，小配晚，不老不小配中间"的规律。

④输精次数和间隔时间

如果对母牛的发情排卵时间掌握准确，则输一次精即可。否则一般是要输精两次，两次输精间隔 8～10 小时为宜。

4. 提高繁殖力的措施

(1)加强选种。选择优良的公牛(精液)和母牛进行配种，以产生有优良生产性能的后代。

(2)合理标准化饲养。奶牛的营养供应要充足合理，不能过高或过低。合理标准化饲养会提高繁殖力和生产力。

(3)加强管理。

(4)控制繁殖疾病。

(5)推广繁殖新技术。

5. 选择和使用牛细管冷冻精液

(1)微型细管的选择：细管直径小，管壁薄，在冷冻制作过程中，受冻均匀，活力提高，促进受胎率提高。有资料报道，输精 682485 头奶牛，60 天到 90 天不返情率为 68.64%，即准胎率达到 68.64%。

（2）选择标记清楚的细管冷冻精液：必须选择标有种公牛档案及系谱的精液。首先选择包装上标有站名、公牛品种、牛号、制作日期、活力等标记的细管；其次，抽样观察细管的均匀度，观察管壁是否有裂痕，封口是否严密，精液的颜色（奶牛白色，兼用牛粉红色，肉牛草绿色）等。

（3）微型管的使用方法：由于细管冷冻精液在制作过程中稀释液、稀释方法、冷冻方法的不同，其解冻方法也不同。

根据标号选择所需公牛细管冷冻精液。先从液氮生物容器中把提筒或纱布口袋提到罐之颈下，严禁提到罐外，停留时间最好是10 秒钟，以免温度回升影响活力。

然后用镊子从提筒中或纱布口袋中夹出细管，同时轻轻摇动细管，使液氮不致在棉塞中潴留，最后把夹出来的细管棉塞朝下，放入35℃ ~40℃的水中，一边解冻一边摇动（约 15 秒），随即取出细管并用消毒的纱布轻轻擦干外壁，剪去封口粉或超声波口的一端约 0.5 毫米，挑出一滴镜检。载物台温度要保持在 38℃ ~40℃范围内，评定活力为 0.3 以上，安装在输精器的枪膛中套上保护套，对准前端的小塑料帽。再给保护套加上固定圈，调好位置，即可输精。保护套是一次性使用。在实际操作时，配种员也把细管装在身上用体温解冻。

6. 直肠把握输精的注意事项

（1）输精前要做好各环节的准备工作，保证人畜安全。

（2）输精时如果母牛努责，应暂停操作，不可强行输精。让助手捏压牛的背腰部，以缓解牛的直肠紧张。

（3）输精前要将牛保定好，奶牛场应设六柱栏或配种栏架。输精时输精员要随牛的摆动而动，以防折断输精器划伤牛脏器（目前输精枪多为金属件）。

（4）输精时不可将子宫颈捏死，因为握住子宫颈，再插入输精器,这时牛会躁动不安。把握子宫颈的动作要轻柔,与输精器插入的动作同时进行,协调一致。

(5)初配母牛的子宫颈在靠近肛门处,而老龄牛子宫可能会沉入腹腔,要通过直肠狭窄部向前探寻。

(6)找到子宫颈,直肠内的手臂下压使阴道开张,另一只手将装有细管的输精枪自阴门插入,先向上倾斜,通过尿道口后,直向前水平插入到子宫颈口处,直肠内的手迅速握住子宫颈,并将子宫颈拉向腹腔的方向,使突出于阴道的子宫颈外口缩进,使阴道皱褶伸展,继而依靠两手的协同配合,将输精器前端插入子宫颈口内,通过两到三个较硬的皱褶后,握住子宫颈的手再向外拉子宫颈,使输精器顺利插入子宫颈深部,随即将精液缓缓注入,抽出输精器。

(7)输精结束后,用手轻捏牛的腰背部,并马上牵走母牛,让牛走动可有效防止精液倒流。

(8)认真做好发情鉴定,适时输精是提高受胎率的关键。(相关资料见本丛书的相关章节)

(9)不可盲目将精液输得太深,不能将精液送至超过子宫角弯曲部,以免影响精子在子宫内获能。

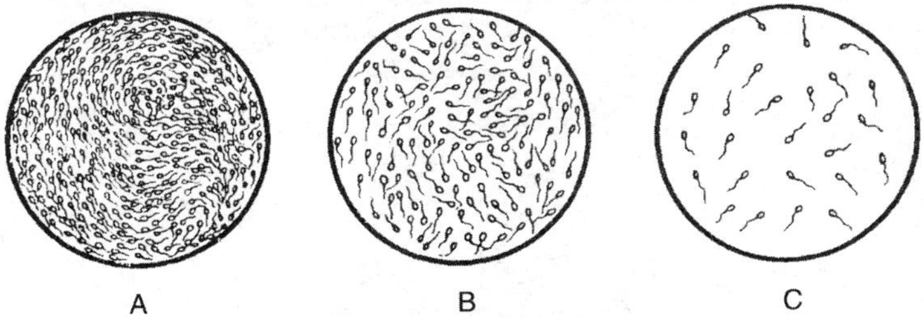

图3-2　牛精子密度示意图

A:密　B:中　C:稀

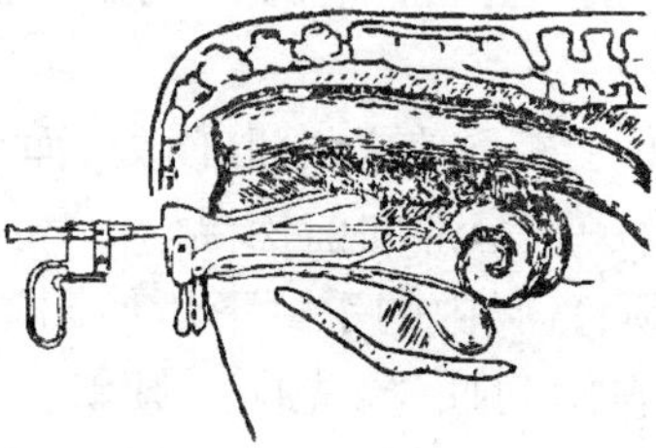

图 3–3　阴道开膣器输精图

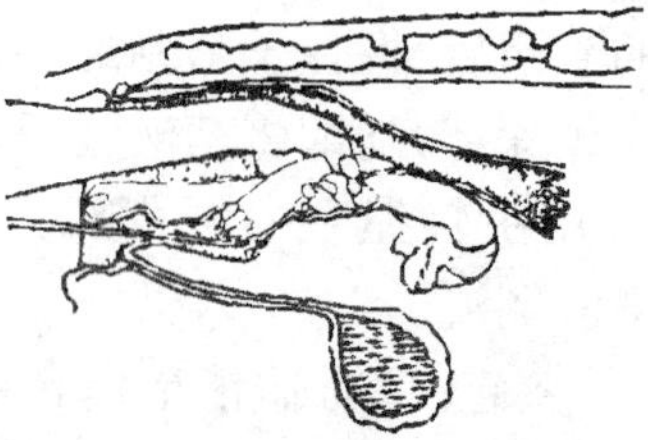

把握子宫颈的错误方法

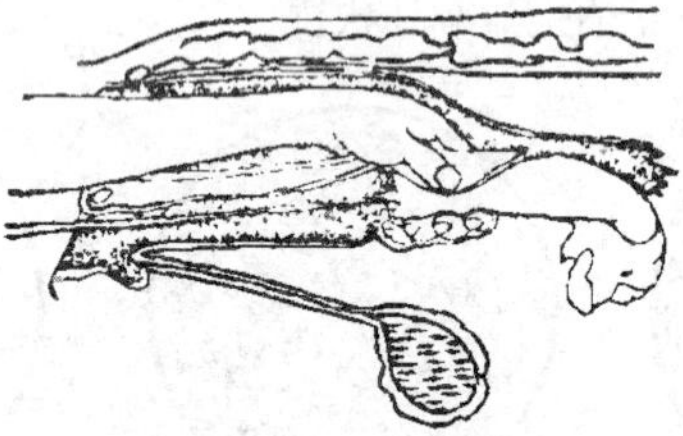

把握子宫颈的正确方法

图 3–4　直肠把握法输精图

图3－5　发情母牛爬跨其他母牛

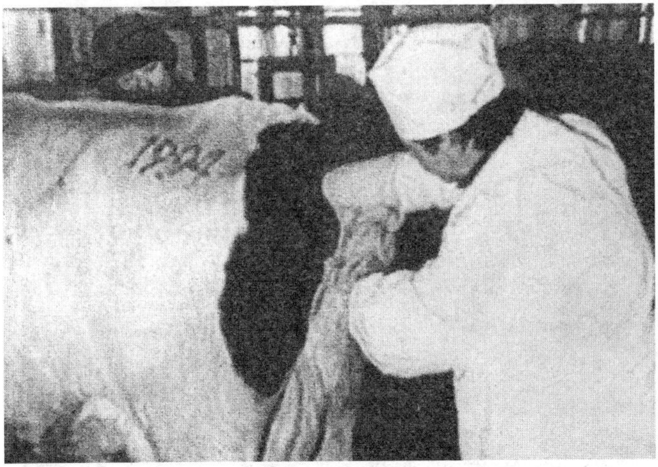

图3－6　直肠检查卵巢发育状况

图 3－7　开腟器和输精管

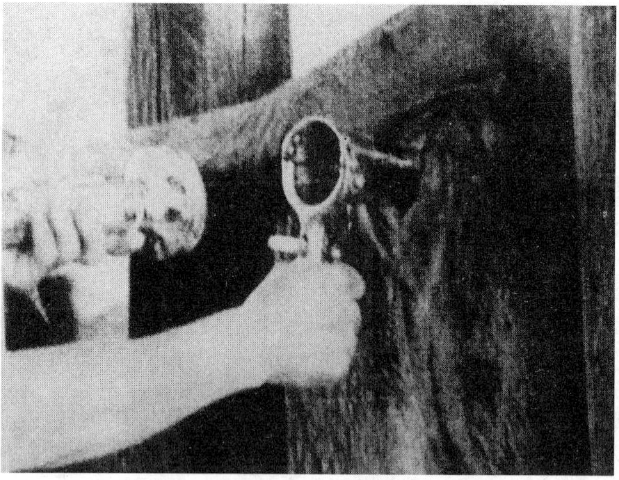

图 3－8　阴道检查

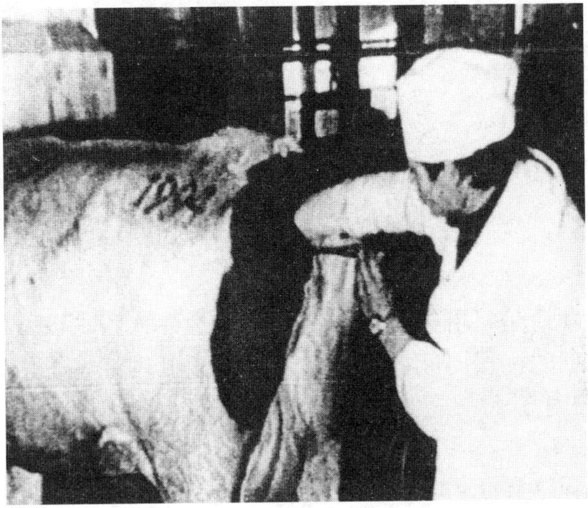

图 3－9　直肠把握人工受精

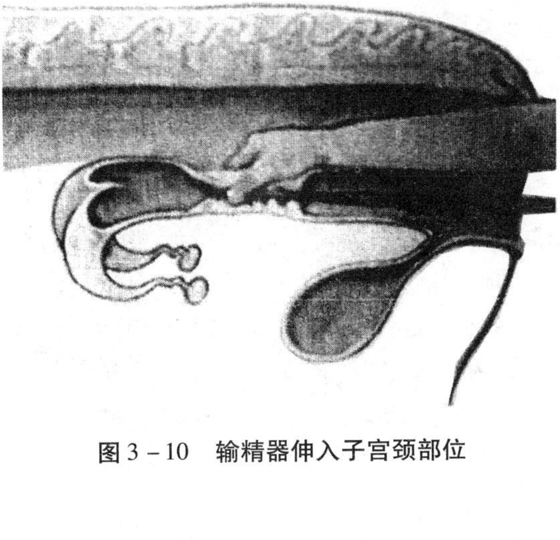

图 3－10　输精器伸入子宫颈部位

第二节　同期发情

一、概念

同期发情是将群体母牛发情的自然规律人为地改变为集中在相同和相近的一段时间内。通常通过激素处理能将发情时间集中在 3 ~5 天内。

二、意义

1. 有利于胚胎检查的集中进行,进而搞好奶牛品种改良。

2. 采用同期发情可以提高牛群体繁殖率。

3. 便于组织管理生产。

4. 鲜胚的移植,往往是从一个供体牛获得数枚鲜胚,需要同时有几个受体牛,这就是要求有数个同期发情的母牛受体。

三、原理

母牛的一个发情周期中,黄体期占 70% 左右,约 15 天。黄体分泌的孕酮,对卵泡的发育有很强的抑制作用,只有黄体消退、孕酮下降,卵泡才能发育至成熟,表现发情。因此控制母牛黄体的消胀规律是控制母牛发情的关键。控制黄体消胀有两个方法,一是制造人为黄体期,一是消除黄体。

制造人为黄体期:对一群或一组母牛同时用孕激素,使正在或将要消退的黄体在激素作用下,卵泡发育仍受到抑制,处理期间,所有的母牛黄体都会消退而无卵泡发育到成熟。一停药,卵泡发育到成熟的抑制被取消,这些经处理的母牛就会在同一时期内发情排卵。

消除卵巢上黄体：肌肉注射前列腺素 $PGF_{2\alpha}$，PG 处理后，黄体消退，卵泡可发育到成熟，从而开始发情。也可应用促性腺激素和促性腺素释放激素而达到缩短黄体期的作用，进而达到同期发情的效果。

四、方法

1. 孕激素埋植法：用 3～6 毫克甲基炔诺酮，或 18 甲基炔诺酮 50～100 毫克制成埋植棒或阴道栓使用。

2. 前列腺激素注射法：注射 20～30 毫克 $PGF_{2\alpha}$（15 甲基前列腺素类似物）、PGC 700～800 微克（依奶牛个体大小而定用量），处理后 3～5 天内的黄体无溶解作用。一次处理有 70% 的母牛有反应，因此间隔 11～12 天，第 2 次用药，药量同上。间隔 11～12 天经两次处理有两种结果，一是第一次注射后全部不输精，第二次处理后才定时输精；二是第一次处理到期后，观察母牛的发情状况，发情者适时输精，不发情者于第一次处理后 11～12 日再次用前列腺素处理。第二种方法常用。

3. 前列腺素结合孕激素处理：同期发情处理结束时，给 3～5 毫克 PSH（促卵泡素）、1000～1500IU（单位）孕马血清（PMSG）或 15～50 微克 LRH－A3，可提高处理后发情受胎率。

对奶牛实施同期发情要根据本场实际情况和育种科研的需要采用。

第三节　超数排卵

超数排卵就是在母牛发情周期的一定阶段，通过外源激素处理，提高血液中促性腺素的浓度，降低发育卵泡的闭锁率，增加早期卵泡发育到成熟卵泡的数量。在实施胚胎移植技术时，可少用供体，多获得卵子。

一、超数排卵的方法

诱导奶牛超数排卵的药物主要有促卵泡素（FSH）、孕马血清、促性腺激素（PMSG）、前列腺素（PG）、孕激素等。

1. FSH + PG 法

在发情周期 9 ~ 13 天中的任何一天，开始肌注 FSH，以递减剂量连续肌注 4 天，每日两次（间隔 12 小时），总剂量为 FSH 8 ~ 10 毫克。在第一次注射 FSH 后 48 小时及 60 小时，各肌注一次前列腺素，每次 2 ~ 4 毫升，若采用子宫灌注，剂量减半。

2. FSH + 孕激素 + PG 法

给供体牛放入第一个孕激素阴道栓 10 天后取出，同时放入第二个阴道栓，第五天开始注射 FSH，注 4 天共 8 次，在第七次注 FSH 时取出第二个阴道栓，并肌注 PG，一般取栓后 24 ~ 48 小时供体牛发情。

或给供体牛放入阴道栓，第九天开始注射 FSH（促卵泡素），共 4 天 8 次，在第七次注射 FSH 时取出阴道栓，病肌注 PG，取栓后 24 ~ 48 小时供体牛发情。

3. PMSG 法

发情周期第 11 ~13 天中任意一天肌注一次 PMSG,5 国际单位/千克体重,在注射 PMSG48 小时和 60 小时后各肌注 PG 一次,剂量 2 ~4 毫升,母牛出现发情后 12 小时第一次输精,同时肌注 PMSG 抗体。

二、影响超数排卵的因素

在 3 ~10 岁间可获得较多胚胎,但常利用淘汰前老龄优质母牛获取胚胎。

近年倾向于产后 90 天处理。此时,母牛泌乳与发情的关系已协调,实施超数排卵对母牛健康和超排影响不大。

生殖力强的母牛实施超排效果较好。

其他,如季节,饲养条件,管理水平,对实施超排也会有影响。

第四节　体外受精

体外受精技术是新发展起来的繁殖技术,已在实践中应用。这项技术要求条件高,操作比较复杂,目前在一般规模化养牛场应用的价值不大,但将来在解决胚胎移植中的大量胚胎来源时,会用到这项新技术。若结合活体采卵,这项技术可以在多次从良种高产奶牛体内采集卵母细胞生产胚胎方面发挥其优势。

由于这项技术专业性很强,技术要求很高,技术程序复杂,这里只做简单介绍。作为一种知识性了解,如果需要开展这项工作,可以深入细学。

一、奶牛卵母细胞的体外成熟

1. 卵母细胞的采集:有离体采集(母牛屠宰后 30 分钟内取出

卵巢)和活体采集。

2. 卵母细胞体外成熟:在特殊培养基中、在多种条件恒定的情况下,培养 22 ~ 24 小时。

二、精子体外获能

在生理情况下,精子必须在子宫内获得穿过卵子透明带进入卵子的能力。体外获能就是制造一种环境,使精子在体外获得这种能力。

三、体外受精

获能后的精子与卵子见面,在特别培养中完成受精过程。用离心洗涤、悬浮等方法筛选高活力精子,使其能在进入卵子以后,保证受精过程的及时完成。

四、体外培养受精卵

体外培养受精卵,使其 48 小时后分裂到 2 ~ 8 细胞的桑葚期、囊胚期等。

五、早期胚胎的体外培养

通过体外培养和小动物体内培养使受精卵成熟到桑葚期、囊胚期,然后正常移植到母牛受体,使其发育成为一个新个体。

第五节　性别鉴定与性别控制技术

家畜胚胎的性别鉴定和性别控制是现代畜牧科学研究和生产中关注的热点问题,是指人为地在出生前对动物性别进行鉴定或控制的手段。奶牛业的发展需要更多的母牛产奶,肉牛业的发展需要更多的公牛长肉,奶牛及肉牛纯种繁育场则需更多的母牛育种。在奶牛生产中性别是一个很重要的经济性状,研究和解决母牛繁殖的性别控制问题,对提高奶牛业生产的经济效益具有很重要的现实意义。目前,产下母牛犊,精心饲养,产下公牛犊有两个去向,一是廉价卖给育肥户,育肥卖肉,一是廉价卖给生药厂采血。现在牛肉价格很高,公牛育肥卖肉也有相当好的利润。

一、性别鉴定

胚胎移植技术广泛应用于奶牛繁殖生产中。在移植前对胚胎进行性别鉴定,可以达到控制性别的目的,鉴定的方法有:

1. 细胞遗传学方法

通过查明胚胎细胞的性染色体类型(XX 型或 XY 型)来鉴定胚胎的性别。操作过程是这样的:先取少量的胚胎细胞,在含有秋水仙素的培养液中培养,使细胞的有丝分裂停留在中期;用低渗溶液使细胞膨胀,细胞膜破裂,释放染色体,然后固定,用姬姆萨染色后在显微镜下观察。由于有丝分裂被阻滞在中期,故染色体缩短,形状规则,并有特异的带型,通过核型分析,确定其染色体类型属 XX 型还是 XY 型。这种鉴定性别的方法准确率可达 100%。因为它操作繁琐,已少用,只用来验证其他性别鉴定的准确性。(X 为雌性染色体,Y 为雄性染色体)

2. 免疫学方法

利用 H－Y 抗血清或 H－Y 单克隆抗体检测胚胎上是否存在雄性特异性 H－Y 抗原,从而进行胚胎鉴别。

(1)间接免疫荧光法:先将 8 细胞—桑葚胚期的胚胎与 H－Y 抗体反应 30 分钟,再与异硫氰酸盐荧光素(FITC)标记的免疫球蛋白 IgM 抗体反应,然后在荧光显微镜下检查胚胎是否带有荧光素,若有则判定 $H-Y^{+}$ 胚胎(雄性),不显荧光则判为 $H-Y^{-}$ 胚胎(雌性)。牛雌性鉴定准确率达 89%。

(2) 细胞毒性分析法:H - Y 抗血清与补体放入培养液中对胚胎进行培养,将培养过程中继续发育的胚胎分为 H - Y^-(雌性),将出现个别卵裂球溶解以及不能发育到囊胚期的分为 H - Y^+(雄性)。由于细胞毒性反应对雄性胚胎有杀伤作用,故其应用范围受到限制。

3. 分子生物学方法:胚胎性别鉴定的实质是检测 Y 染色体上是否存在 SRY 基因,有判断为雄性,无则判断为雌性。主要包括 DNA 探针法和 PCR 扩增法。

(1)DNA 探针法:从胚胎上取少量细胞,将其 DNA 与 Y 染色体特异标记的 DNA 序列(挥针)杂交,结果显示阳性则为雌性胚胎,否则为雄性胚胎。

(2)PCR 扩增法:以合成 SRY 基因片段的寡聚核苷酸片段为引物,在一定条件下进行 PCR 扩增,能扩增出 SRY 序列为雄性,反之为雌性。其准确率为 100%。这种方法常结合胚胎分割技术进行,即先将胚胎分割,一部分细胞用于 PCR 鉴定,另一部分用于鉴定后的培养和移植。国内已成功地用 PCR 技术直接扩增牛、羊等多种动物胚胎的 SRY 特异 DNA 序列,能够准确地鉴定牛胚胎的性别。这种方法准确简单,便于广泛应用。PCR 鉴定方法是目前唯一常规且最具商业价值的胚胎性别鉴定方法。其最大问题是采集胚胎细胞样品的污染问题,因此要求操作规范,避免外源 DNA 的污染。

二、性别控制

动物性别控制主要是通过人工受精前对 X 精子和 Y 精子的分离加以完成;在胚胎移植前鉴定胚胎的性别以控制胚胎的性别。在生产中,精子分离技术比胚胎鉴定有优越性。

哺乳动物的精子分为两类,一类携带 X 染色体(X 精子),一类携带 Y 染色体,(Y 精子)。奶牛有 60 条染色体,其中 58 条为常染色体,两条为性染色体。如果奶牛受精的染色体组合为 XX 则发育为雌性,若为 XY 则发育为雄性,所以精卵结合时精子的类型就决定了奶牛的性别。分离 X、Y 精子的主要依据是 X 精子和 Y 精子不同的物理性质(体积、密度、电荷、运动性)和化学性质(DNA 含量、表面雄性特异性抗原)。分离方法主要有物理分离法、免疫学分离法、流式细胞仪分离法。下面重点介绍流式细胞仪分离法。

流式细胞仪分离法(流式细胞光度法)在分离两类精子上有较大的优势,理论上 X 精子、Y 精子所含的 DNA 量不同,用 DNA 特异性染色剂进行染色后,使其逐个通过激光束,探测器根据精子的发光强度,通过计算机指令充电使光强度高的 X 精子带正电,Y 精子带负电,当经过高压电场二者时会向不同方向偏转,从而达到分离的目的。DNA 含量高,当用专用荧光染料染色时,其吸收的染料多,发出的荧光就强,反之发出的荧光就弱。用分离后的精子进行人工受精或体外受精对卵和后代的性别进行控制,具有可重复性、科学性和有效性的特点。如果将流式细胞仪分离技术与显微镜受精技术结合,可以成功生产出所需性别的胚胎或后代。

三、调节受精外环境、控制性别

目前,国内奶牛药品市场上出现了多生母犊的药品。新疆农业大学动物科学院研制的“生母神液”(母犊素)通过 8 年,1.2 万头奶牛使用实验,平均产母犊率为 81.79%;呼和浩特市牧欣公司推出的“多母液”也有不错的效果,在输精前 15 ~30 分钟,往子宫颈深部输入 1 毫升“多母液”,可提高母犊率 15% ~20%;北京三牛兴业科技发展有限公司推出的专利品——“奶牛性胶囊”在胚胎移植实验中,获得母胎率稳定在 75% 的良好成绩。

第六节　胚胎移植技术

早在 1978 ~ 1979 年间,我配合内蒙古大学旭日干教授在我场成功地完成了牛的同期发情和手术胚胎移植。

奶牛胚胎移植是将一头配种后的良种奶牛早期发育的胚胎取出,或者由体外受精获得的胚胎,移植到另一头生理状态相同的母牛体内,使之继续发育成一个新个体。提供胚胎的牛称供体,接受胚胎的牛称受体。

在奶牛育种、繁殖过程中应用超数排卵和胚胎移植技术(MOET)可以加大选择范围,提高选择的准确性,缩短世代间隔,对于加快良种繁育十分重要。

前面所讲的同期发情、人工受精、超数排卵、体外受精、性别控制等繁殖技术都是胚胎移植技术的基础性工作。这些繁殖技术是系统性很强的工作,任何一环不到位都不行。

另外,胚胎移植还可以代替种畜的引进,而胚胎的冷冻保存可以使胚胎的移植不受时间和地点的限制,让胚胎的运输代替种牛的进出口,从而大大节约购买和运输种畜的费用。

一、胚胎移植的生理学基础和基本原则

(一)胚胎移植的生理学基础

1. 母牛发情后生殖器官的孕向发育

大多数自发排卵的动物,发情后不论是否配种,或配种后是否受精,生殖器官都会发生一系列变化,如卵巢中黄体的形成、孕酮的分泌及其高水平的维持、子宫内膜的组织增生和分泌机能的增

强等现象，这些变化都是为了给可能存在的胚胎创造适宜的发育条件，为妊娠做准备。而到了一定时期（相当于母牛黄体周期的寿命），受精母牛的生殖系统继续发生进行性变化，如黄体的存在和孕酮的分泌保持高水平，子宫内膜的持续发育和为胚胎提供营养等，以适应胚胎发育的需要。而未受精母牛，这时则发生退化性变化，如黄体消失，子宫内膜复原等。此后发情重新到来时，继而生殖器官再一次开始为受精和妊娠做准备，重复出现相同的变化。

由此看来，在发情后的最初一段时间里（周期性黄体期），母牛不论是否受精，生殖系统均处在相同的生理状态下，妊娠与未孕并无区别。所以，发情后母牛生殖器官的孕向变化，是进行胚胎移植即使不配种的受体母牛可以接受胚胎，并为胚胎发育提供所需条件的主要生理依据。只要移植受体后的生理环境与胚胎的发育阶段相适应，胚胎就会继续发育成长。

2. 早期胚胎的游离状态

胚胎在发育早期的相当一段时间内（附植之前），在输卵管或子宫内处于游离状态，和子宫还没有建立实质性的联系，它的发育基本上靠本身贮存的养分，因此可以脱离活体而被取出，在短时间内和适当的条件下仍能够存活，当放回到与供体相同的环境中，能够继续发育。

3. 胚胎的遗传特性

胚胎的遗传特性（基因型）是由供体决定的，受体只影响胚胎的体质发育，因此，受体对胚胎并不产生遗传上的影响，不会改变新生个体的遗传特性或减弱其固有的优良性状。

4. 胚胎移植与免疫耐受性

受体母牛的生殖道（子宫或输卵管）对于具有外来抗原物质的胚胎和胎膜组织，一般来说，在同一物种之内，并没有排它的现象,所以胚胎由一个体转移至另一个体,可以存活下来。然而,移植的胚胎有时不能成活,除了其他因素之外,是否有免疫学上的原因,仍有待研究。

(二)胚胎移植的基本原则

1. 胚胎移植前后所处环境的同一性

这种同一性包括下述三个方面:

(1)供体和受体在分类学上的相同属性。即二者属于一个物种,但这并不排除异种(在动物进化史上,血缘关系较近,生理和解剖特点相似)之间胚胎移植成功的可能性。

(2)动物生理上的一致性。即受体和供体在发情时间上的同期性,也就是说移植的胚胎与受体在生理上是同步的,在胚胎移植实践中,一般供、受体发情同步差要求在 ±24 小时之内,发情同步差愈大,移植妊娠率愈低,甚至不能妊娠。

(3)动物解剖部位的一致性。即移植后的胚胎与移植前所处的空间部位的相似性。也就是说,如果胚胎采自供体的输卵管,那么把胚胎也要移植到受体的输卵管,如果胚胎采自供体的子宫角,那么胚胎也需移植到受体的子宫角。

2. 胚胎发育的期限

胚胎采集和移植的期限(胚胎的日龄)不能超过周期黄体的寿命。最迟要在受体周期黄体退化之前数日进行,当然更不能在胚胎开始附植之时进行。通常是在供体发情配种后 3～8 天内采集胚胎,受体也在相同时间接受胚胎移植。

3. 胚胎的质量

从供体采到的胚胎并不是每个都具有生命力,胚胎需经过严格的鉴定,确认发育正常者(可用胚胎)才能移植。此外,在全部操作过程中,胚胎不应受任何不良因素的影响而危及生命力。

4. 供、受体的状况

(1)生产性能和经济价值。生产性能供体要高于受体,经济价值供体要大于受体,这样才能体现胚胎移植的优越性。

(2)全身及生殖器官的生理状态。供、受体应健康,营养良好,体质健壮,特别是生殖器官具有正常生理机能,否则会影响胚胎移植的效果。

二、胚胎移植技术程序

胚胎移植的主要技术程序包括:超数排卵技术(供、受体选择,供、受体同期发情处理,超数排卵,供体的配种)、胚胎采集技术、胚胎鉴定与保存技术、胚胎的移植技术。

(一)超数排卵

1. 供体的选择

(1)供体应具备遗传优势,应选择生产性能高、经济价值大的动物(家畜)做供体。以奶牛为例,应选择产奶量高、乳脂率高、乳蛋白含量高的母牛做供体。

(2)供体应具有良好的繁殖能力。既往繁殖史好、易配易孕,繁殖史上没有遗传缺陷,分娩顺利、无难产或胎衣不下现象,生殖器官正常无繁殖疾病,性周期正常、发情征兆明显。

(3)供体应营养良好,体质健壮,健康无病。

2. 受体的选择

受体母牛可选用非优良品种的个体或土种牛,但也应具有良好的繁殖性能和健康状态,体型中上等。在拥有大数量母牛的情况下,可以选择自然发情与供体发情时间相同或相近的母牛,一般两者发情时间不宜超过 ±24 小时。由于在一般情况下往往不易找到足够数量合适的母牛做受体,所以大都需要对供体和受体进行同期发情处理。

用黄牛做受体,让其"借腹怀胎"繁殖奶牛,是我国牛胚胎移植的特点。如何选择好受体黄牛十分重要。黄牛做受体最大的问题:一是体小,易发生难产;二是营养差,影响移植效果。为解决好上述两个难题,在选择受体黄牛时除具有良好繁殖机能和健康体质外,可参考以下几点:

①体高112厘米以上,体斜长140厘米以上。骨盆较宽大,因骨盆大小不能直接测定,可依十字部宽45厘米、坐骨结节宽13厘米、尻长45厘米以上作为间接判断的标准。

②营养状况(膘情)中上等,以保证黄牛常年正常发情。

3. 受体的同期发情(见本章第一节)

4. 供体超数排卵(见本章第三节)

(二)胚胎的采集

1. 采集时间的确定

胚胎的采集就是利用冲卵液将胚胎由生殖道(输卵管或子宫)中冲出,并收集在器皿中。胚胎采集有手术和非手术两种方法。前者适用于各种家畜,后者仅适用于牛、马等大家畜,且只能在胚胎进入子宫角以后进行。采卵时间要考虑到配种时间、发生排卵的大致时间、胚胎的运行速度和胚胎在生殖道的发育速度等因素。奶牛4天的胚胎(16个细胞)处于输卵管中,4天后进入子宫,7~8天形成囊胚。由于奶牛的手术非常困难,而且容易给奶牛造成损伤,所以常在配种后7天左右采用非手术法进行胚胎采集。

2. 奶牛胚胎的采集方法

(1)手术法采卵。主要适合输卵管采胚,具体方法如下:供体母牛手术前禁饲24小时,在室外把术部(肷部或腹中线)的毛剃掉,洗涮干净,掏去直肠的粪便,然后把牛牵进保定架。若在肷部切口,母牛取站立保定,进行局部麻醉,术口在左侧可以开得高些,在右侧低些。若在腹中线切口，需进行全身麻醉，取仰卧保定，一般在腹下乳房前到脐孔之间沿白线切开，术口为 10 ~ 15 厘米，切开皮肤后，肌肉作钝性剥离，用刀柄撕裂腹膜。无论是肷部或腹中线切口后，均应轻轻地把子宫角、输卵管和卵巢牵引到术口，暴露生殖道部分应尽量少些，并经常用生理盐水湿润之。然后进行冲卵。冲卵方式有两种，一种是由子宫角向输卵管伞部冲洗，另一种是由输卵管伞向子宫角—输卵管结合部冲洗。

（2）非手术法采卵。主要适合 6 ~ 8 天的胚胎，具体做法如下：供体牛在采卵前要禁食 24 小时（泌乳牛除外），将供体牛牵入保定架内，于采卵前 10 分钟对其进行麻醉，大都采用在尾椎硬膜外注入 2% 的普鲁卡因 4 ~ 5 毫升，在颈部或臀部肌肉注射 2% 的静松灵 2 毫升左右。在麻醉的同时，用消毒液如来苏儿清洗外阴，然后用净水冲洗并擦干，将手伸入直肠，清除母牛粪便，并检查两侧卵巢黄体数目。手进去后最好不要再出来以防止直肠内进入气体，造成空腔，使采卵不便进行。采卵前使母牛在保定架内呈前高后低姿势。为利于采卵管的通过，事先用消过毒的扩张棒进行宫颈扩张，青年牛尤为必要，成年母牛也可不进行扩张。把采卵管消毒后用冲卵液冲洗，并检查气囊是否完好，将消毒的不锈钢钢钎插入采卵管内，为防止阴道的异物感染采卵管，通常先用开膣器扩张阴道，将采卵管通过开膣器插入子宫颈外口后，再把开膣器退出，操作者一手通过直肠把握子宫颈，另一手将采卵管经子宫颈缓缓导入一侧子宫角基部，此时抽出部分不锈钢钢钎，操作者继续向前推进采卵管，当达到子宫角大弯处时，由进气口注入一定量的气体，充气量 10 ~ 20 毫升（充气量的多少依子宫角粗细以及导管插入子宫角的深浅而定）。充气量要掌握适当，充气量太小，气囊太松，冲卵液可能沿子宫壁漏掉；充气量太大，容易造成子宫内膜破裂导致流血。当感觉到气囊位置和充气量合适时,抽出全部不锈钢钢钎,然后开始向子宫角注入冲洗液,前两次冲洗液对胚胎的回收很关键,一个子宫角不要充得太满,注入量一般 30 ~50 毫升,充满一个子宫角,再令其流至集卵器,以后液量逐渐增加,与此同时隔着直肠轻轻按摩子宫,最好用手在直肠内将子宫提起,这样多次重复冲洗,直至用完 400 ~500 毫升冲洗液。一侧冲洗结束后,将气囊气放掉。可将采卵管在子宫内换至另一侧,也可用另一根采卵管插入对侧子宫角,按前述方法进行冲洗。

(三)胚胎的鉴定与保存

1. 胚胎发育期的划分和特征

在立体显微镜下从冲卵液中用移胚管将胚胎拣出来进行鉴定。鉴定之前首先要依据胚胎的形态进行等级划分。母牛第 6 ~8 天非手术采集的胚胎发育为桑葚胚至扩张囊胚,发育期的划分和特征如下:

桑葚胚:卵裂球隐约可见,细胞团的体积几乎占满卵周间隙。

致密桑葚胚:卵裂球进一步分裂变小,看不清卵裂球的界线,细胞团收缩至卵周间隙的 60% ~70% 。

早期囊胚:出现透亮的囊胚腔,但难以分清内细胞团和滋养层,细胞团占卵周间隙的 70% ~80% 。

囊胚:囊胚腔增大明显,内细胞团和滋养层细胞界线清晰,细胞团充满了卵周间隙。

扩张囊胚:囊胚腔充分扩张,体积增至原来的 1.2 ~1.5 倍,透明带变薄,相当于原厚度的 1/3。

卵化胚:透明带破裂,内细胞团脱出透明带。

2. 胚胎的分级

胚胎一般分为 A、B、C、D 四个等级。

A 级:胚胎发育阶段与胚龄一致,胚胎形态完整,轮廓清晰,呈球形,分裂球大小均匀,结构紧凑,色调和透明度适中,没有或很少有游离的细胞和液泡,变性细胞比例 $<10\%$。

B 级:胚胎发育阶段与胚龄基本一致,轮廓清晰,色调变暗,结构较松散,游离的细胞或液泡较多,变性细胞达 30%。

C 级:胚胎发育阶段与胚龄不太一致,轮廓不清晰,色调变暗,结构较松散,游离的细胞或液泡较多,变性细胞达 30% ~50%。

D 级:有碎片的卵、细胞无组织结构,变性细胞占胚胎大部分(75%)。

A、B、C 级胚胎为可用胚胎,D 级为不可用胚胎。

3. 胚胎的质量鉴定

胚胎在鉴定移植前正确鉴定胚胎的质量,是移植能否成功的关键之一。在生产实际中主要是根据形态来进行。一般是在 50 ~80 倍的立体显微镜下或 120 ~160 倍的生物显微镜下进行综合评定,评定的主要内容是:①卵子是否受精,未受精卵的特点是透明带内分布匀质的颗粒,无卵裂球(胚细胞);②透明带的规则性即形状、厚度有无破损等;③胚胎的色调和透明度;④卵裂球的致密程度,细胞大小是否有差异以及变性情况等;⑤卵黄间隙是否有游离细胞或细胞碎片,⑥胚胎本身的发育阶段与胚胎日龄是否一致,胚胎的可见结构——胚结(内细胞团)、滋养层细胞、囊胚腔是否明显可见。

4. 胚胎的保存(见本章相关部分)

(四)胚胎的移植

和采集胚胎一样,胚胎的移植也有手术法和非手术法两种。最初手术法移植的妊娠率高,近年来由于移植器械的改进和移植技术的提高,对于奶牛来讲,非手术法移植与手术法移植结果没有什么差别。

1. 奶牛胚胎的手术法移植

手术法移植胚胎与采集供体胚胎大致相同,也是在肷部或腹中线切口。移植一个胚胎,一般在排卵侧的肷部切口,若左右侧各移植一个胚胎,则取腹中线切口为宜。肷部切口时,要有一助手将手伸入阴道,用力向前推顶子宫,以便拉出子宫。术者需将输卵管或子宫角拉出切口,牛、羊3日龄以前的胚胎(8细胞以前),移到输卵管,将已吸好胚胎的吸管由喇叭口插入输卵管内,直到壶腹部,随即把带胚胎的液体注进输卵管内(图3-10);5日龄后的胚胎输到子宫角顶端,在离子宫角与输卵管结合部5厘米处,先用钝形针头刺一小孔,随即抽出,把已吸收好胚胎的吸管插入子宫角,然后将胚胎注入子宫角内(图3-11)。此时要特别注意,吸管要切实插入子宫腔内,而不要插到子宫壁层里。最后要迅速将子宫复位,缝合。

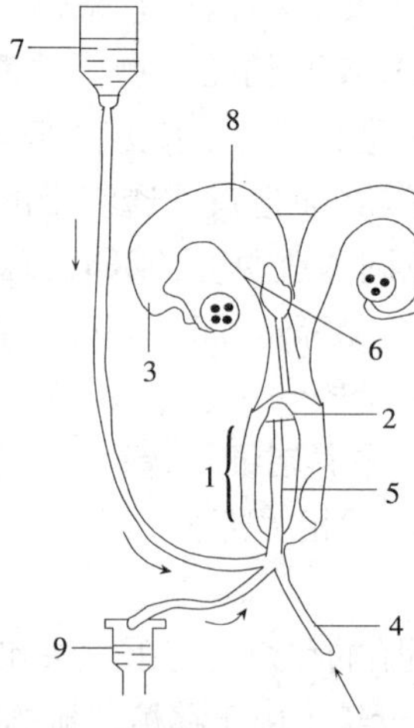

图3-11 牛非手术法采胚 Folley 导管及使用方法

1.阴道 2.子宫颈 3.胚胎位置 4.气囊进气管 5.冲胚导管 6.气囊 7.冲胚液 8.充满冲胚液的子宫角 9.胚胎滤器

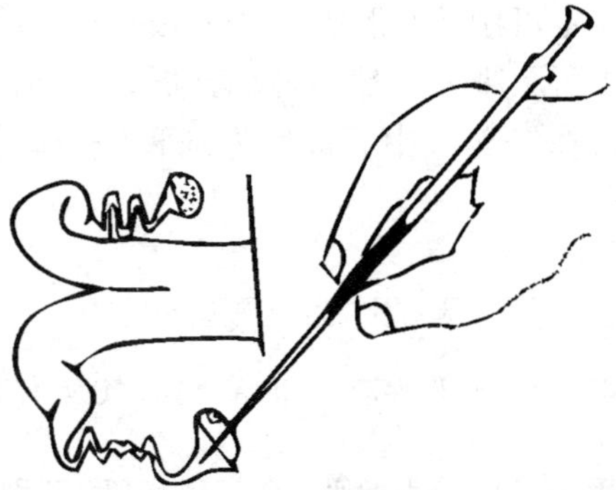

图 3－12　手术法将胚胎移植于输卵管

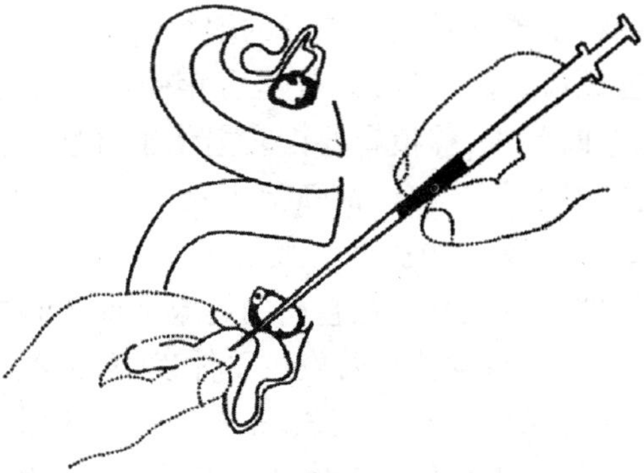

图 3－13　将胚胎移植到子宫角

2. 奶牛胚胎的非手术法移植

移植前将鉴定可用的胚胎吸入 0. 25 毫升塑料管内,胚胎的培养液按图 3－14 所示吸入。然后,隔着细管在立体显微镜下检查以确定胚胎是否在培养液中。最后将细管(有海绵塞端向后)装入移植器中待移。

图 3－14　将胚胎吸入 0. 25ml 细管示意图

受体保定、消毒和麻醉与供体相同。移植者先把受体直肠内的宿粪掏净,然后把手放入直肠内,检查确定黄体位于哪一侧并记录发育状况。之后分开受体阴唇,将移植器插入阴道,为防止阴道污染移植器,在移植器外套上经消毒的塑料薄膜,当移植器前端进入子宫颈,子宫颈口封闭较紧,尤其是青年受体牛,因此通过子宫颈口比发情输精时困难,移植者要谨防损伤子宫颈,当移植器通过子宫颈、子宫体到达子宫角时,将胚胎注入。

(五)移植后供、受体的护理与观察

供、受体处理后不仅要注意它们的健康情况,同时要留心观察它们在预定的时间是否发情。若发现受体发情,也不要急于输精,因为有个别奶牛妊娠后也有发情表现,应做阴道和直肠检查确定是发情才输精。如果未见发情则需进一步观察,一般在 60～70 天进行直检就可以确定是否妊娠,如果确定妊娠,则需要加强饲养管理和保胎防流工作,并按预产期做好接产和犊牛护理工作。而对供体而言,在下次发情时即可配种,如计划再重复作为供体,需经

2 个月的恢复时间。

(六)影响胚胎移植妊娠率的因素

胚胎移植后受体的妊娠确立涉及胚胎、子宫环境、黄体之间的一系列的协调关系,如胚胎产生某些物质,作为本身存在的信号传递给母体,母体加以接受和识别后,使周期黄体转变为妊娠黄体,使整个生殖系统向有利于妊娠的建立和维持的方向发展。影响胚胎移植妊娠效果的因素是多方面的,而且各种因素都相互制约。加之胚胎损失的原因很复杂,涉及生理、内分泌、遗传、免疫和环境等因素。下面把影响奶牛胚胎移植妊娠效果的一些主要因素介绍如下:

1. 胚胎因素

如胚胎的质量、胚胎发育阶段、移植胚胎的数量、提供胚胎的供体、胚胎在体外停留的时间、鲜胚和冻胚等。

2. 母体因素

如供体、受体发情同期化程度,受体的孕酮水平,移植黄体同侧与对侧,移植部位,受体的营养,受体子宫,卵巢的生理状况等。

3. 其他因素

如自然发情与人工诱导发情、移植法、移植器械污染程度以及操作者的熟练程度等。

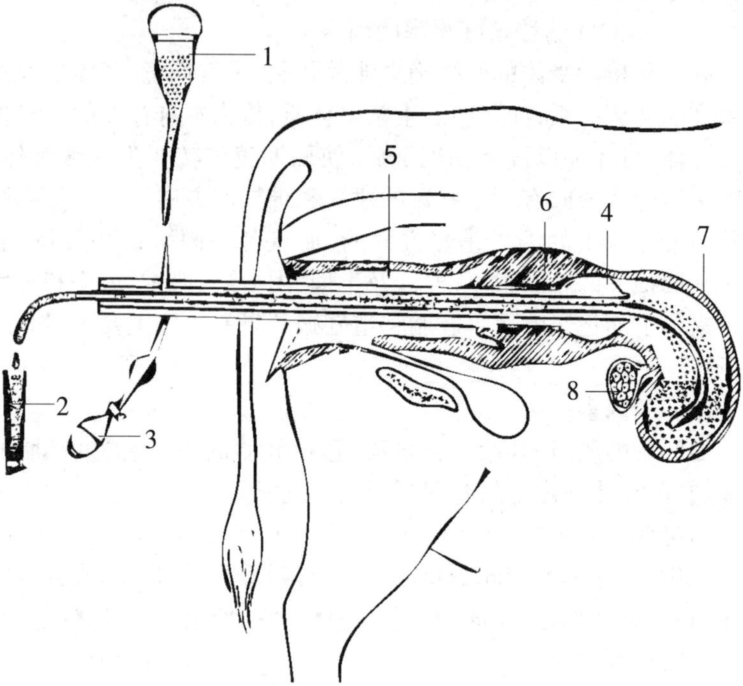

图3－15　非手术法冲取牛胚胎示意图

1. 冲洗液　2. 回收的冲洗液内含胚胎　3. 充气球　4. 充满空气的气囊　5. 阴道　6. 子宫颈　7. 子宫角　8. 卵巢

鲜胚移植程序示意图

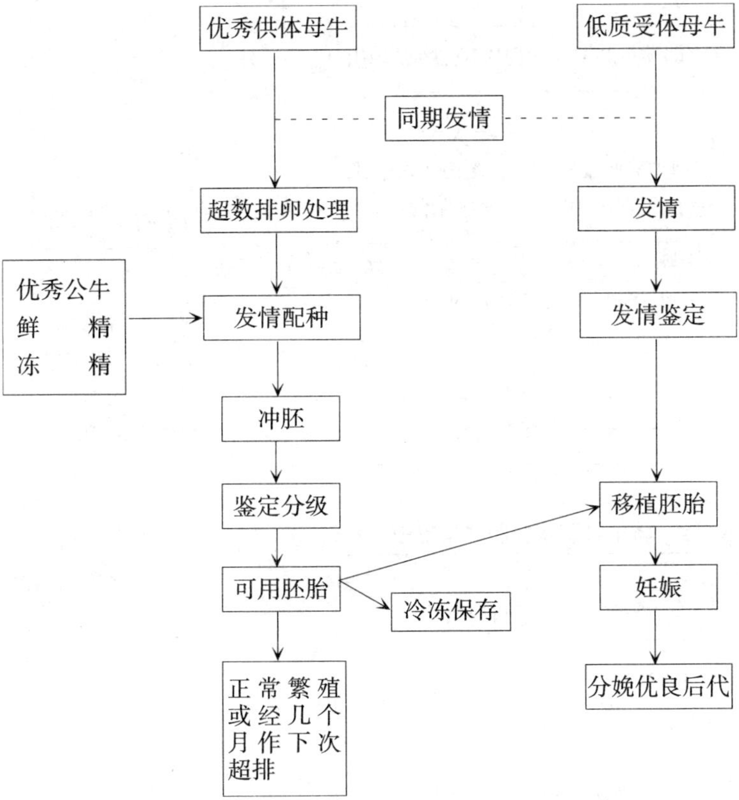
优秀供体母牛
低质受体母牛
同期发情
超数排卵处理
发情
优秀公牛
鲜　精
冻　精
发情配种
发情鉴定
冲胚
鉴定分级
移植胚胎
可用胚胎
冷冻保存
妊娠
正常繁殖或经几个月作下次超排
分娩优良后代

冷冻胚胎移植程序示意图

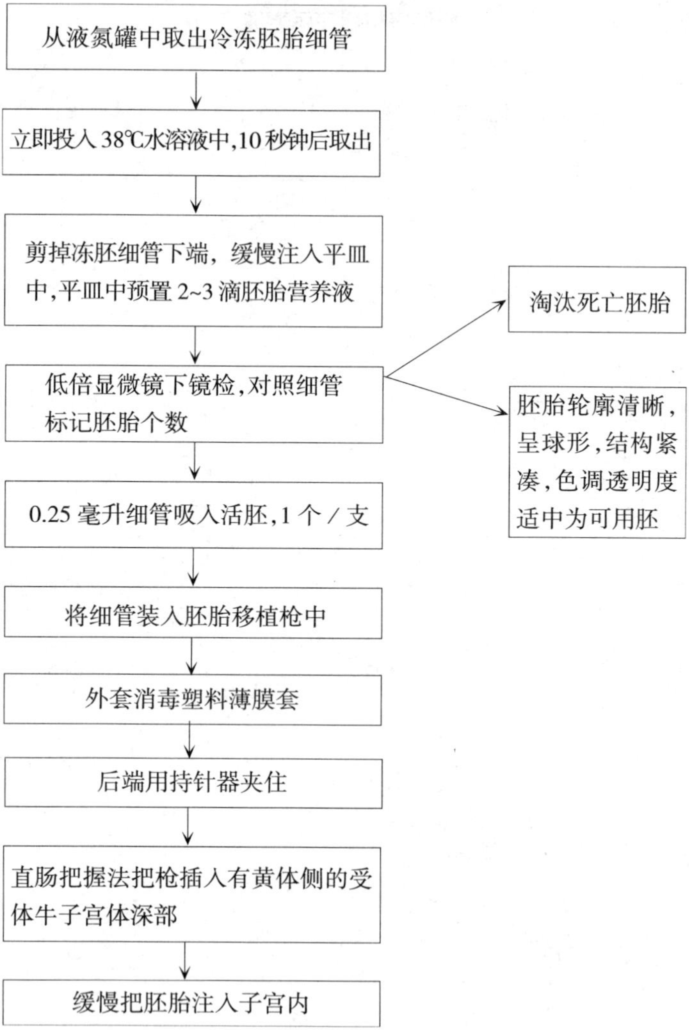

第七节　转基因技术

转基因技术是指将人工分离和修饰的外源基因，转入到生物体基因组中，外源基因在染色体基因内稳定整合并能遗传给后代的技术。用此技术生产的动物叫转基因动物。转基因动物的生产涉及生命科学的许多领域，是一门综合性技术，2008 年我国已将动植物转基因列入国家中长期发展计划，并在牛、猪、羊等动物中开始组织实施转基因项目。

在农业领域，利用转基因技术可将所需优良基因直接转入需改良的群体中，让其增加新的遗传品质，从而提高畜禽的生产性能，如生长速度、繁殖率、瘦肉率、产毛量等，最终培育出满足人们需要的、具有优良品质的新品系。通过转基因技术提高乳汁中的蛋白质含量、降低乳糖，使之更接近人乳，也可以培育出抗某种疾病的新品系。

一、常用动物转基因技术

1. 核显微注射法

核显微注射法是动物转基因技术中最常用的方法，它是在显微镜下将外源基因注射到受精卵细胞中的原核内，让注入的外源基因与胚胎基因组融合，然后进行体外培养，最后移植到受体母畜子宫内发育，这样产下的动物体内每一个细胞都含有新的 DNA 片段。这种方法的优点是转基因效率比较稳定，注射基因片段大小不受限制无须载体，制备相对容易；缺点是效率低，位置效应（外源基因插入位点随机性）造成表达结果的不确定性，动物利用率低等，在反刍动物中还存在繁殖周期长，有较强的时间限制，需要大量的供体和受体动物等弊端。

2. 精子介导的基因转移

它是把精子作适当处理后，使其具有携带外源基因的能力，然后用携带外源基因的精子给发情母畜进行人工受精。在母畜所生后代中，就有一定比例的动物是整合外源基因的转基因动物。精子介导的转基因有两个优点：首先是成本低，只有显微注射法成本的1/10；其次是它不涉及对动物的处理，可以用生产牛群或羊群进行实验，以保证每次实验都能成功。

3. 核移植转基因法

体细胞核移植是近年来新出现的转基因技术，该方法是以动物体细胞为受体，将目的基因导入能够进行传代培养的动物体细胞内，再以这些体细胞为核供体，进行动物克隆，以获得转基因动物。具体操作是先把外源基因整合到供体细胞上，然后将体细胞的细胞核移植到受体细胞—去核母细胞，构成重建胚，再把它移植到假孕母畜子宫内，待其妊娠、分娩，便可得到转基因克隆动物。

4. 转座子介导法

转座子又称可移动基因或跳跃基因，是一种可在基因组内插入和切离并能改变自身位置的 DNA 序列。转座子的准确切出准是伴随着转座、在转座时能够携带外源基因进入受体基因中，并且允许其在新的基因组中表达。利用转座子的转座功能建立转基因生殖系是当前动物转基因研究的重要方法。

5. 逆转录病毒感染法

该方法是将目的基因整合到反转录病毒的原病毒基因组中，然后将原病毒注入早期胚胎，或是给动物的培养细胞接毒后与胚胎一起培养，使病毒感染胚胎，得到转基因动物。

这种方法的优点是操作简单,无须特殊的仪器设备;整合效率高,效果稳定,通常外源基因是单拷贝整合到受体基因组中;转染不受胚胎发育的限制。缺点是感染畜主时为非同源整合,结合不稳定,调控区内可能会发生相互作用,故应选择能稳定整合表达的外源基因,并用高感染力的反转录病毒作为载体;若外源基因长度超过 8kb,整合的表达率低并且有潜在的致病性和致癌性。

6. 胚胎干细胞介导法

用电穿孔或磷酸钙沉淀法将外源基因导入 ESC,或用逆转录病毒作为载体,感染胚胎干细胞(ESC),然后在体外培养增值,经过筛选扩增以后将其植入正常发育的囊胚腔中,此时,ESC 会很快与受体内细胞团聚集在一起,共同参与正常胚泡的发育,从而发生个体基因的转移。经 ESC 介导法产生的转基因动物属嵌合体,在得到转基因动物之间杂交,子代再配对杂交,就获得了纯合的转基因动物。

二、转基因动物研究中面临的问题

1. 转基因技术在育种中存在整合效率低、成本高、外源基因表达不理想、转基因动物成活率低等缺点。

2. 转基因产品的安全性令人担忧。在病毒等致病基因的转基因研究中,不可避免地会产生一些有害的转基因动物,如引起细胞功能紊乱和死亡,人们担心会向社会扩散。

3. 社会对转基因动物的接受也是值得考虑的。现在还难以评估和猜测未来消费者的安全心态,故需要建立安全评价体系。

第八节　克隆技术

克隆又称无性繁殖,生物学中是指一个细胞或一个微生物(细菌)以无性繁殖方式产生一群细胞或一个群体,它们在不发生突变的情况下具有完全相同的遗传性状。

动物克隆是指动物不经过有性繁殖的方式而直接获得与亲本具有相同遗传物质后代的过程。在自然条件下,克隆广泛存在于动、植物和微生物界。广义讲,动物克隆包括孤雌激活生殖,同卵双生、卵裂球分离与培养、胚胎分割、以及细胞核移植等。狭义讲,克隆主要指细胞核移植技术,即将供体细胞核移入除去细胞核的卵母细胞中,使后者不经过精子穿透有性过程就可激活、分裂并发育成新个体,使得核供体的基因得到安全复制。在高等哺乳动物中,依供体细胞来源不同,分为胚胎细胞克隆技术和体细胞克隆技术。

一、胚胎分割

1. 显微操作仪分割

在显微操作仪操纵下,左侧用固定吸管固定胚胎,右侧将切割刀(针)的切割部位放在胚胎的正上方,并垂直施加压力,当触到平皿底时,稍加抽动,即可将胚胎的内细胞团从中央等分切开,也可只在透明带上做一切口,切割并吸出半个胚胎。此法成功率高。

2. 徒手分割

先用0.1% ~0.2%的链霉蛋白软化透明带在实体显微镜下,用自制切割针直接等分切开胚胎,为防止切割时胚胎滚动,可将胚胎置于微滴中进行分割，分开后及时加入液体。本法简单易行。

无论哪种方法，分割好的半胚应完全分离，分别装入空透明带内，也可不装入透明带内移植。分割桑葚胚无方向性，而囊胚则必须沿着等分内细胞团的方向分割胚胎。

二、细胞核移植

1. 供体核分离技术

供体细胞的种类主要有胚胎细胞、体细胞和 ES 细胞。

(1)胚胎细胞：一般选用 16～32 细胞期的胚胎。用 0.2% 链霉蛋白酶预处理早期胚胎，然后机械法剥离透明带，用钝头玻璃管反复吹吸以分离成单个卵裂球。

(2)体细胞：可用作供体核的细胞种类很多，主要有：生殖系统的细胞，如成年牛乳腺上皮、卵丘细胞/颗粒细胞、输卵管细胞/子宫上皮细胞、睾丸支持细胞等；来源于胎儿的细胞，如胎儿成纤维细胞；来源于成年母牛其他系统的细胞，如成年耳部成纤维细胞、肌肉组织细胞；终末分化细胞，如 B 或 T 淋巴细胞、神经细胞。目前以使用皮肤成纤维细胞和卵丘细胞/颗粒细胞的较多，其中以颗粒细胞效果较好，体细胞可以体外培养传代，冷冻保存和进行基因修饰重组。

(3)ES 细胞：ES 细胞是理想的供体细胞，但需要进行细胞周期的调控，常采用血清饥饿法处理，使细胞周期停滞在 G0 期或 G1 期。

2. 受体细胞的去核技术

受体细胞一般采用经超数排卵后回收的卵母细胞或体外培养成熟的卵母细胞(MII 期)，将其置于含细胞松弛素 B 和秋水仙胺的培养液中去核。去核的方法有多种，有盲吸法、透明带切开法、荧光引导去核法、“半卵法”、微分干涉和极性显微镜去核法、功能性去核法、离心去核法、化学去核法、末期去核法等。其中奶牛生产中常用的有盲吸法、透明带切开法、微分干涉和极性显微镜去核法。

3. 核卵重组技术

按供体核移入部位的不同分为卵周隙注射和胞质内注射。卵周隙注射是在显微操作仪下，用去核吸管吸取一个分离出的完整卵裂球或体细胞。沿透明带切口插入，反吸一点胞质，一起注入去核卵的卵周隙内。在吸供体细胞时，要保证膜的完整，以利于融合。胞质内注射适用于体积较小(20 微米)的供体细胞，先将供体细胞的核膜捅破，形成核胞体，再将核胞体直接注入去核卵的细胞质中，然后进行激活处理。

4. 重组胚的融合技术

采用卵周隙注射的核卵重组必须进行融合。由于微吸管破坏了卵母细胞部分细胞质，直接移植成功率低，需对重组胚进行融合。融合方法主要有：

(1)仙台病毒法：将仙台病毒与供核体一起注入受体卵中，能促进细胞融合。

(2)电融合法：将重组胚直接放在融合小室内，使核和质接触面与电流方向垂直，在一定的电场强度下，给予一定时间的直流电脉冲，依靠直流电脉冲使细胞膜产生可逆性微孔，进而导致融合。此法应用广泛。

5. 核移植胚的激活、培养、移植

只有卵被充分激活，重组胚才能得以正常发育。常用化学激活和电激活两种方法对融合后的重组胚进行激活。常用的化学激活剂有：乙醇、离子霉素、A23187、6 - DMAP、staurosporine、$SrCl_2$ 等。电激活根据其在核移植前或后进行而分为前激活、融合激活和后激活。

重组胚激活后，在体外培养或经过中间受体，培养至桑葚胚或囊胚。然后移入与胚同龄同期的受体动物的子宫角内，以获得克隆后代，同时获得的早期胚也可以作为供体核重新克隆。

三、动物克隆存在的问题

克隆作为胚胎发生、发展、死亡及其调控细胞核与胞质间关系的研究手段，可以帮助人类了解生物生长发育的机制及影响生长、衰老的因素。在生产实践中可用于优良种畜的扩群、稀有物种的基因保存。

克隆技术自出现以来在伦理观念上备受争议。特别是有人要进行人的克隆，这更受到社会的关注与争议。

第九节　胚胎冷冻

胚胎的冷冻保存，是将其保存于超低温（干冰 −79℃，液氮 −196℃）情况下，使细胞处于新陈代谢和分裂速度停止状态，即使其发育基本处于暂时停顿状态，一旦恢复正常发育温度，又能继续发育。胚胎冷冻使胚胎移植不受时间和空间的限制，而且能严格筛选受体，保证受体的质量，提高受胎率。这将大大地促进胚胎移植技术在生产中的应用与推广，是胚胎移植产业化的重要技术保障。胚胎冷冻可解决引种和运输种畜的困难，同时可减少或防止传染病的传播，可广泛地进行国际和国内优良品种的交流，加速奶牛等家畜改良的进程。另外，胚胎冷冻保存是动物保种、建立基因库不可缺少的必要手段之一。

一、胚胎冷冻保存的原理

胚胎冷冻保存概括起来可分为常规慢速冷冻保存和玻璃化冷冻保存。

(一)常规慢速冷冻保存的原理

生理性溶液中的胚胎，当温度降低到冰点以下时，不仅细胞外液，连细胞内液都有冰晶产生，这会对细胞产生致命性的损伤。为使细胞内部不产生冰晶，冷冻保存液中必须添加抗冻保护剂物质。奶牛胚胎冷冻保存中，常采用的抗冻保护剂除丙三醇外，还有乙二醇、丙二醇、二甲基亚砜(DMSO)和乙酰胺等。这些物质的相对分子量质量在100以下，可以自由地通过细胞膜，所以被称作渗透性抗冻保护剂或细胞内液抗冻保护剂。细胞内、外液的抗冻保护剂的摩尔浓度较高的情况下，使溶液的冰点下降，具有抑制冰晶生成的作用。当溶液冷却至冰点时，会生成冰晶。纯水的冰点为0℃，生理盐水冰点为-0.6℃，该保护液的冰点为-2.6℃～-4.8℃。但往往这种溶液到冰点温度时不结冰，而在低于冰点10℃左右的温度下也不会生成冰晶，如果继续降温或处于超低温情况下便会有冰晶生成，这种现象叫作过冷现象。在胚胎冷冻过程中，过冷现象的产生是细胞死亡的重要原因。冰晶的生成造成胚胎物理性损伤，所以在稍低于溶液冰点温度(一般在-5℃)时强行冷却可以使溶液结冰，使溶液瞬间渡过冰点温度，防止过冷现象的发生。这种促使溶液结冰的方法，称作诱发结晶或人工植冰。诱发结晶可防止过冷现象，对胚胎的存活十分重要。

(二)玻璃化冷冻保存的原理

高浓度的抗冻保护剂溶液(6mol/L以上)，在0℃以上温度直接投入液氮的急速冷却过程中，液体的黏度增加，当黏度达到临界值时发生凝固化，即由液态变为半固态再过渡为固态，且呈现透明状态,故称作玻璃化。玻璃化溶液中添加高浓度的渗透性抗冻保护剂,借助于细胞内渗透压的差距,分子量较小的抗冻保护剂通过细胞膜向细胞内部渗透,同时细胞内的水分向外脱出。由于玻璃化溶液的摩尔浓度较高,短时间内会使细胞内、外抗冻保护剂浓度达到平衡,使降温过程中细胞内部冰晶的生成受到抑制。

二、胚胎冷冻的方法

(一)常规慢速冷冻法

在室温下用PBS(磷酸缓冲液)等生理性溶液配制成1.0~2.0mol/L的抗冻液,将细胞置于此溶液中处理。采用的抗冻保护剂有DMSO、丙三醇和乙二醇等。平衡时间需10~20分钟。将胚胎装入配置好抗冻液的0.25毫升塑料细管中,于程序降温仪中降温。当降温至冰点或稍低于冰点温度时(-4℃~-5℃),用浸入液氮冷却后的镊子夹住细管的棉栓部,抗冻液瞬间产生冰晶,即人工植冰。然后以0.3℃~0.5℃/分钟的速度降温至-30℃~-35℃。最后投入液氮中冷冻保存。

(二)胚胎的玻璃化冷冻法

玻璃化冷冻法是将胚胎在0℃以上的温度下置于高浓度且急速降温时易形成玻璃化的溶液中平衡后,直接投入液氮中,使细胞内、外液皆形成玻璃化状态,以保证胚胎不会发生死亡的一种快速胚胎冷冻方法。这种方法不需要程序降温仪进行慢速降温。玻璃化冷冻法所采用的抗冻液是以PBS为基础液,添加高浓度的抗冻保护剂配制而成。到目前为止,已研制出了多种改良的玻璃化溶液,抗冻保护剂的组合也多种多样。最近,大多数研究采用乙二醇为主体抗冻保护剂。乙二醇具有化学毒性较低、渗透速度较快等特点。抗冻保护剂的渗透速度加快和处理时间短,可避免其对细胞产生化学毒性作用。在玻璃化溶液中,添加渗透性抗冻保护剂的同时,有必要添加聚蔗糖、葡聚糖、聚乙烯吡咯烷酮、聚乙烯乙二醇、胎牛血清和牛血清白蛋白等高分子物质以及蔗糖和海藻糖等非渗透性糖类物质。这些物质化学毒性较低,对溶液形成玻璃化具有重要作用。另外,也可以降低抗冻保护剂的浓度,从而间接地起到降低玻璃化溶液毒性的作用。玻璃化冷冻法包括一步法和二步法。

1. 一步法:该方法利用乙二醇为主体抗冻保护剂,添加高分子聚蔗糖和渗透压较高的蔗糖,配制成约 7.5mol/L 浓度的玻璃化溶液(EFS40),在室温(20℃)条件下,将胚胎直接装入含有玻璃化溶液的塑料细管中,经 2 分钟平衡后投入液氮。

2. 二步法:采用乙二醇或丙三醇以及乙二醇和 DMSO 为主体抗冻保护剂,配制成 EFS、GFS、EDT 玻璃化溶液,在室温(20℃ ~25℃)条件下,先将胚胎在 10% 乙二醇(或丙三醇或 10% 乙二醇 + 10% DMSO)溶液中预处理 5 分钟,然后再移入含有上述玻璃化溶液的细管中,平衡 30 秒后将细管封口,投入液氮中冷冻保存。

研究表明,一步法较适合于桑葚胚,而二步法更适合于囊胚。

三、解冻方法

(一)慢速冷冻法的解冻方法

常规冷冻法保存的细管,胚胎由液氮中取出后在空气中停留 10 ~15 秒后,浸入 37℃水浴中解冻。空气中停留的原因是要慢速通过胚胎易产生破裂的温度域。由于此方法受冰晶生成的影响,彻底防止细胞破裂的发生有一定的困难。解冻后将细管中的内容物冲出,用 PBS 或其他等渗液稀释的 0.5mol/L 蔗糖液脱出细胞内部的抗冻保护剂,然后将胚胎移入等渗生理溶液中洗净备用。回收的胚胎需在显微镜下操作,操作过程容易丢失胚胎。若像冷冻精液一样，解冻后胚胎不出细管直接移植，则在生产中会更实用。所以有研究者在细管内将冷冻保存液和稀释液用空气层隔开，解冻后用力甩动，两液混合后进行移植。近年来，这种方法在生产中得到部分应用。

（二）玻璃化冷冻解冻方法

玻璃化冷冻保存的样本解冻时和慢速冷冻法基本相同，细管在空气中停留10～15秒后浸入室温（20℃～25℃）水浴中解冻。玻璃化冷冻法由于抗冻液的摩尔浓度较高，降温和升温过程中，玻璃化转相温度通过的比较缓和，可彻底防止胚胎的破裂现象。玻璃化溶液中抗冻保护剂的含量较高，对细胞的化学毒性影响也较大。解冻后若不经稀释且在室温下放置，短时间内可造成胚胎死亡。所以解冻后应尽快将细管中的内容物冲出，并在0.3～1.0mol/L蔗糖溶液中稀释以脱出。

注：PBS—试验用稀释液，是pH7.0～7.2的磷酸缓冲液。

表 3－1　　　　**繁殖控制技术简表**

分项	目的	方法
同期发情	人为地调整不同牛的发情期，以使其在某时间范围内集中发情，然后人工受精或胚胎移植	①孕激素埋植法：将 18－甲基炔诺酮 25mg 装入 15～28mm 周围有许多小孔的灭菌塑料细管内，用套管针将该管埋植于耳后无血管皮下，9～12 天后切开取出，同时注射 500～800IU 孕马血清
		②孕激素阴道栓法：将 1000IU 孕酮浸液塑料栓放在子宫颈口 9～12 天，取出后同时注孕马血清 1000IU
		③孕激素与前列腺素结合处理法：上两法之一，结束前 2 天，肌肉注射前列腺素和 VA
诱发发情	对于乏情牛，采用外源激素刺激卵巢功能，消除黄体，促进卵泡发育，使母牛发情和排卵	①孕激素处理法：卵巢静止又无黄体的牛，用孕激素处理 9～12 天后，注射孕马血清 1000IU 或促卵泡素
		②直接肌注孕马血清 1000IU，10 天后仍未发情，再处理一次，加大剂量 1 倍
		③促排 2 号或 3 号 200～1000 毫克肌注，10 天后若黄体出现，肌注前列腺素溶解黄体，诱发发情和排卵
排卵控制	提高受胎率	发情母牛在配种前数小时或配种同时，肌注促黄体素 100～200IU 或绒毛膜促性腺激素 2000～3000IU，或促排 2 号（或 3 号）50～100 毫克
性别控制	多生母犊	①通过特别仪器，把含 Y 性基因精子删除，留下含 X 性基因精子，制成冻精
		②通过胚胎的性别鉴定，把雌胎移植到受体牛子宫内
		③通过药物改变生殖道的环境，有利于含 X 性基因精子的存活和活力，以使受精卵雌胚增多

生殖激素的种类根据激素的化学性质分为三类：

①蛋白质、多肽类：包括垂体分泌的所有生殖激素和脑部分泌的大部分生殖激素，此外，胎盘和性腺以及生殖器官外的其他组织器官也可分泌蛋白质和多肽类激素；

②类固醇类：主要由性腺和肾上腺分泌；

③脂肪酸类：主要由子宫、前列腺、精囊腺和某些外分泌腺体所分泌。

表3－2 各类生殖激素的来源、化学特性及主要生理作用

种类	名称	简称	主要来源	化学特性	主要生理作用
脑部生殖激素	内源性阿片肽	EOP	下丘脑	多肽	抑制垂体LH的分泌，并对下丘脑GnRH分泌有影响
	促性腺激素释放激素	GnRH	下丘脑	十肽	促进垂体前叶释放LH和FSH
	促乳素释放因子	PRF	下丘脑	多肽	促进垂体释放促乳素
	促乳素抑制因子	PIF	下丘脑	多肽	抑制垂体释放促乳素
	催产素	OXT	下丘脑	九肽	促进子宫收缩、乳汁排出，并具溶解黄体作用
	促卵泡素	FSH	腺垂体	糖蛋白	促进卵泡发育和成熟
	促黄体素	LH	腺垂体	糖蛋白	促进排卵和黄体生成及孕激素的分泌

各类生殖激素的来源、化学特性及主要生理作用(续)

种类	名称	简称	主要来源	化学特性	主要生理作用
性腺激素	促乳素	PRL	腺垂体	糖蛋白	促进乳腺发育和乳汁分泌,提高黄体分泌机能,增强母性行为
	雌激素	E	卵巢	类固醇	促进发情行为、第二性征、雌性生殖道和子宫腺体及乳腺管道的发育,刺激子宫收缩,并对下丘脑和垂体有反馈调节作用
	雄激素	A	睾丸	类固醇	促进精子发生及第二性征和副性腺的发育,发动性欲和性行为,并具同化代谢作用
	孕激素	P	卵巢	类固醇	与雌激素协同作用于发情行为,抑制哺乳动物的排卵和子宫收缩,维持妊娠,维持子宫腺体和乳腺泡的发育,对促性腺激素分泌有抑制作用
	松弛素	RX	卵巢、子宫	多肽	促进子宫颈、耻骨联合、骨盆韧带松弛
	抑制素	IBN	卵巢和睾丸	蛋白质	促进垂体 FSH 的分泌和释放
	激动素	ATN	卵巢和睾丸	蛋白质	抑制垂体 FSH 的分泌
	卵泡抑制素	ITN	卵巢和睾丸	蛋白质	抑制垂体 FSH 的分泌和释放

各类生殖激素的来源、化学特性及主要生理作用(续)

种类	名称	简称	主要来源	化学特性	主要生理作用
孕体激素	人绒毛膜促性腺激素	HCG	灵长类胎盘绒毛膜	糖蛋白质	促进排卵和黄体生成及孕激素的分泌
	孕马血清促性腺激素	PMSG	马属动物尿囊绒毛膜	糖蛋白质	促进卵泡发育和成熟
	人绝经期促性腺激素	HMG	绝经期妇女的血液	蛋白质	促进卵泡发育和成熟
	人胎盘促乳素	HPL HCS	胎盘	蛋白质	促进乳腺发育和乳汁分泌,提高黄体分泌机能,增强母性行为
	妊娠蛋白 B	PPB	孕体	蛋白质	维持妊娠
	早孕因子	EPF	孕体	蛋白质	维持妊娠
	前列腺素	PG	子宫及其他	脂肪酸	溶解黄体,促进子宫收缩
其他	外激素	pHE	外分泌腺	脂肪酸萜烯等	影响性行为和活动

第四章　奶牛病毒性传染病

第一节　口蹄疫

口蹄疫是由口蹄疫病毒引起的人和偶蹄动物发生的一种急性、热性、高度接触性传染病，其特征是在口腔黏膜、蹄部和乳房上发生特征性水疱和溃烂，临床上与猪水疱病、水疱性口炎、水疱疹等病症状相似，应加强鉴别。

病原：

口蹄疫病毒属细小核糖核酸病毒科，口疮病毒属病毒，本病毒只能在细胞中复制。在宿主细胞内的复制过程包括吸附、穿透、侵蚀、合成、装配、释放等生长过程。病毒的复制在细胞质和细胞核内同时进行，但主要在细胞核内进行，这也是病毒病难治疗的原因之一。细胞蛋白质逐渐转变成病毒特异性结构蛋白。

本病毒的毒力很强，将 1 克新鲜牛舌皮毒捣成匀浆状，加水 10～100 吨搅匀，取此液 0.1～10 毫升，接种牛舌面，仍能使牛典型发病。本病毒对外界因素的抵抗力很强，其存活与含毒材料的性质、环境、pH 值、密切相关。在低温下能长期存活，但在沸水中瞬间死亡,苛性钠、福尔马林、过氧乙酸等对本病有良好的消毒作用,最适 pH 值为 7.2 ~7.6,甘油是本病毒的良好保存剂。

口蹄疫病毒主型 7 个,近 80 个亚型,该病毒非常容易变型,各型间无交互免疫性。

口蹄疫病毒主要存在于病畜的水疱内,在发热期病毒在血液中含量最高,退热后在乳汁、唾液、泪、粪便、尿中含有一定量的病毒。

流行病学:

自然流行中以纯种奶牛最易感,其次是水牛、牦牛和猪。病畜及其排泄物和分泌物是本病的主要传染源,病初排毒量最大、毒力最强,病料中以舌水疱皮含毒最多。

牲畜流动,畜产品运输,污染的车辆、道路、水源、牧场及饲养工具,人员及非易感动物、野生动物都可能成为本病传播的因素和媒介。

本病一年四季均可发生,夏季较少,冬季、春季较多。

传播途径:消化道,受伤的皮肤,呼吸道和直、间接接触均可感染。

临床症状:

各种偶蹄家畜发病情况略有不同。

牛:潜伏期 2 ~ 3 天,少数 6 ~ 7 天或更长。体温可达 40℃ ~41℃,在舌面、上下唇黏膜出现特征性水疱,流出大量泡沫状口涎、蹄叉、蹄冠、鼻镜、鼻孔周围和乳头上也出现水疱。水疱破裂后形成烂斑,一般一周左右愈合,个别蹄甲脱落者要半个月或更长时间才能愈合。

舌部和颊部黏膜出现蚕豆大至核桃大的水疱。采食、反刍完全停止,水泡内容物呈无色透明或淡黄色液体,后变浑浊,呈灰白色。

鉴别诊断：

1. 与牛瘟鉴别：牛瘟病变局限于口腔，患部不出现水疱，形成边缘不整齐，被覆有麸皮样假膜坏死斑，并伴有剧烈下痢，病死率高。此病在我国已于二十世纪五十年代被消灭，下面不再详述。

2. 与牛黏膜病鉴别：口黏膜有与口蹄疫相似的糜烂病变，但无明显的水疱病程，糜烂灶小而浅表，口黏膜病损之后，出现严重腹泻，妊娠母牛流产或娩出畸形胎儿。（详见本丛书，犊牛腹泻病）

3. 与牛恶性卡他热鉴别：除口腔黏膜有糜烂外，鼻镜上也有坏死灶，还有眼球炎、角膜混浊，全身症状严重，病死率很高且呈散发性。

4. 与水疱性口炎鉴别：两者口腔病变相似，但很少有蹄部和乳房皮肤病变，常呈点状散发，发病率和病死率都很低，多发生于夏秋之间。

实验室诊断：

1. 补体结合反应：本试验较复杂，一般试验少用。用已知血清（或抗原）鉴定未知抗原或血清抗体，可以用微量补体结合反应。

2. 中和试验：用特异性血清与抗原在乳鼠体内或体外中和，根据试验鼠存活、死亡来鉴定毒型。

3. 琼脂扩散试验，反向间接血凝试验等。

病理变化：

病理变化有诊断意义的是心肌病变。解剖尸体常见的心包膜和心肌出血、虎斑心心包膜上有弥散性及点状出血，心肌切面有灰白色和淡黄色斑点和条纹，好像虎身斑纹。以上诊断只能是初步诊断，不能确诊也不能定型。病牛在口腔、蹄部、乳房皮肤出现水疱、烂斑和溃疡，并在咽、气管、支气管、食道、前胃黏膜也可见到圆形烂斑和溃疡。

防制：

在口蹄疫防制中首先要搞好群众基础防疫工作，组织有关地区、部门联防协作，按“早、快、严、小”四字方针采取综合性防疫措施。

当有疑似口蹄疫病畜出现时，及时向上级有关部门报告疫情，进行确诊，确诊后由当地县级以上人民政府发布封锁令，在主要道口设消毒检查站阻止病畜出入。继而迅速实施封锁、隔离、扑杀、消毒等综合措施。

疫区解除封锁时间，应在最后一头病畜痊愈或死亡、急宰后 14 天，并经过全面消毒，在受威胁区周围建立免疫带，以防疫情扩散。

为提高口蹄疫病的特异性抵抗力，必须搞好平时的预防免疫接种和发病时的紧急预防接种。

牛常用 A、O 双价弱毒苗，所用毒型与当地病毒型一致。

现附上我区当地常用口蹄疫 O 型、亚洲 I 型二价灭活苗使用说明。

口蹄疫 O 型、亚洲 I 型二价灭活疫苗（OHM/02 株 + JSL 株）说明书

【兽用名称】

通用名：口蹄疫 O 型、亚洲 I 型二价灭活疫苗（OJMS 株 + JSL 株）

商用名：无

英文名：Foot and Mouth Disease Bivalent Vaccine, Inactivated (Strain OHM/OZ + Strain JSL)

汉语拼音：Koutiyi O Xing Yazhou I Xing Erjia Miehuoyimiao (OHM/02 Zhu + JSL Zhu)

【主要成分与含量】含有灭活的口蹄疫 O 型病毒 OHM/02 株和亚洲 I 型 JSL 株，灭活前每 0.1ml 病毒含量应至少为 10^7LD_{50}或每 0.2ml 病毒含量应至少为 10^7LD_{50}。

【性状】淡粉红色或乳白色略带粘滞性乳状液。

【作用与用途】用于预防牛、羊 O 型，亚洲 I 型口蹄疫，免疫期为 4 ~6 个月。

【用法与用量】肌肉注射，牛每头 2ml，羊每只 1ml。

【不良反应】

（1）一般不良反应：注射部位肿胀，一过性体温反应，减食或停食 1 ~2 日，奶牛可出现一过性泌乳量减少，随着时间延长，症状逐渐减轻，直至消失。

（2）严重不良反应：因品种、个体的差异，个别牛接种后可能出现急性过敏反应，如焦躁不安、呼吸加快、肌肉震颤、可视黏膜充血、瘤胃鼓气、鼻腔出血等，甚至因抢救不及时死亡；少数怀孕母畜可能出现流产。

【注意事项】

（1）疫苗应冷藏运输（但不得冻结），并尽快运往使用地点。运输和使用过程中避免日光直接照射。

（2）使用前应仔细检查疫苗。疫苗中若有其他异物，瓶体有裂纹或封口不严，破乳、变质者不得使用。使用时应将疫苗恢复至室温并充分摇匀。疫苗瓶开启后限当日用完。

（3）本疫苗仅接种健康牛、羊。病畜、瘦弱、怀孕后期的母畜及断奶前幼畜慎用。

（4）严格遵守操作规程。注射器具和注射部位应严格消毒，每头（只）更换一次针头。曾接触过病畜的人员，在更换衣、帽、鞋和进行必要消毒之后，方可参与疫苗注射。

(5) 疫苗对安全区、受威胁区、疫区牛羊均可使用。疫苗应先后注射到安全区、受威胁区、疫区内受威胁畜群。大量使用前,应先小试,在确认安全后,再逐渐扩大使用范围。

(6)在非疫区,注苗后21日方可移动或调运。

(7)在紧急防疫中,除用本品紧急接种外,还应同时采用其他综合防制措施。

(8)个别牛出现严重过敏反应时,应及时使用肾上腺素等药物进行抢救,同时采用适当的辅助治疗措施。

(9)用过的疫苗瓶、器具和未用完的疫苗进行消毒处理。

【规格】(1)50ml/瓶 (2)100ml/瓶

【包装】(1)50ml/瓶×100瓶/箱 (2)100ml/瓶×50瓶/箱

【贮藏与有效期】2℃~8℃保存,有效期为12个月

【批准文号】兽药生字(2013)310017061

【生产企业】新疆天康畜牧生物技术股份有限公司

地址:新疆乌鲁木齐市头屯河区工业园金屯路109号

邮编:830032

电话:(0991)3968756　3969877

传真:(0991)3965715

仅在兽医指导下使用

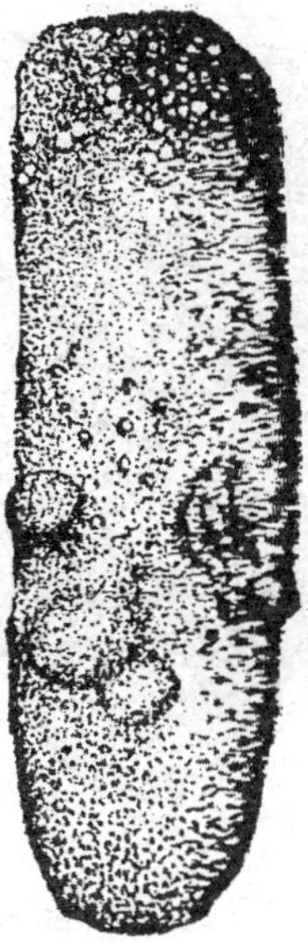

图 4－1　口蹄疫:舌部水疱

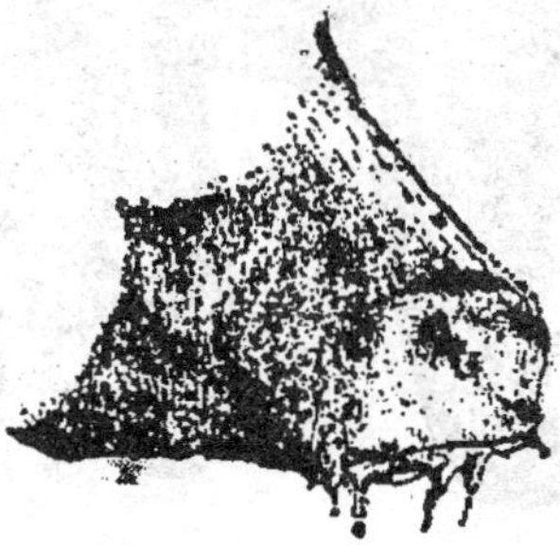

图 4－2　口蹄疫:流涎

图4－3　口蹄疫:舌部糜烂

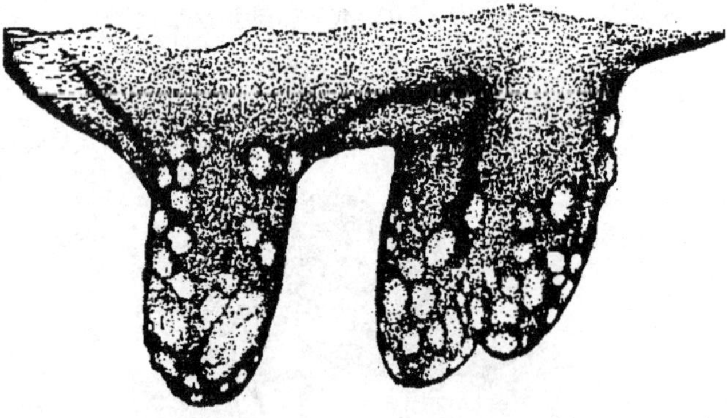

图4－4　口蹄疫:病牛乳房上的水疱

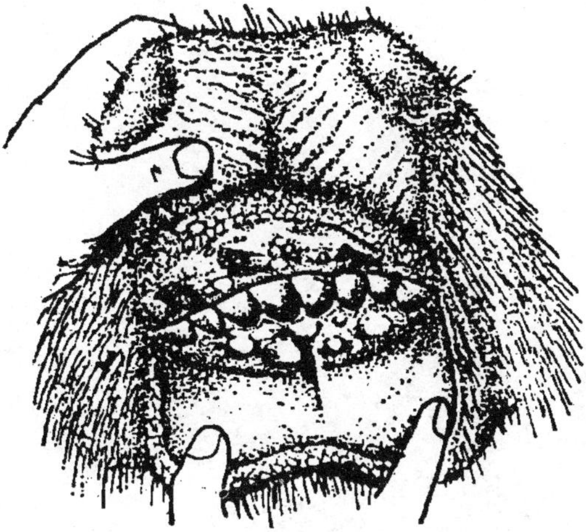

图 4－5　口蹄疫:病牛齿龈上的水疱和糜烂

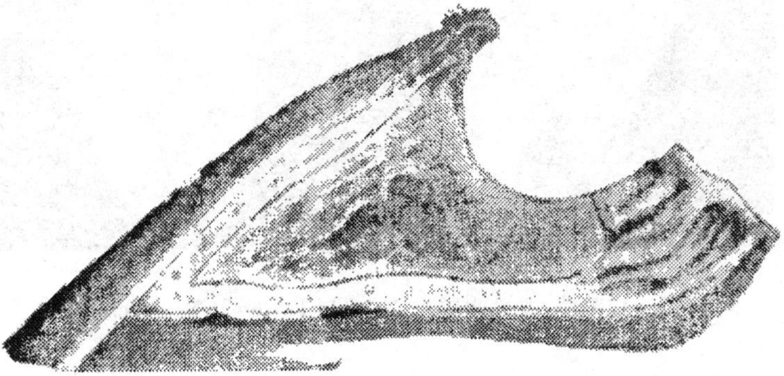

图 4－6　口蹄疫:患病四天后在蹄底前部有两个孤立的水疱

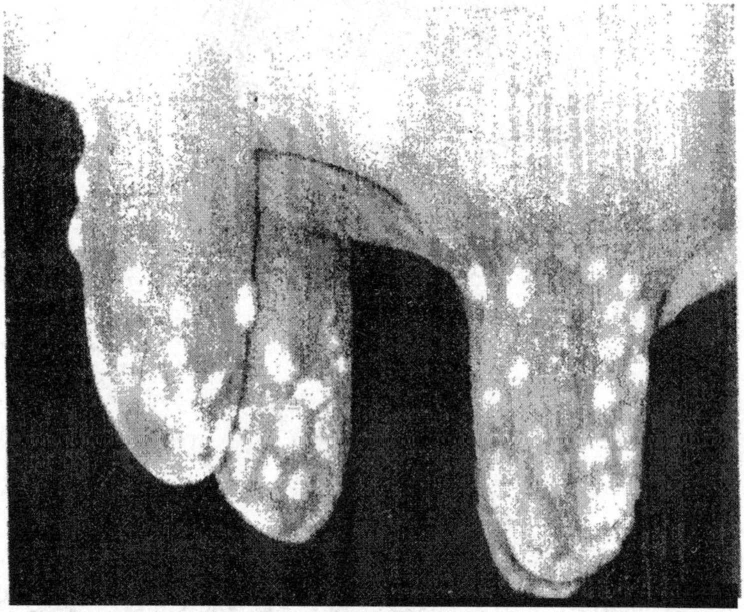

图 4－7　口蹄疫：乳头上的水疱（采自 Larsen 和 Bendixen 二氏）

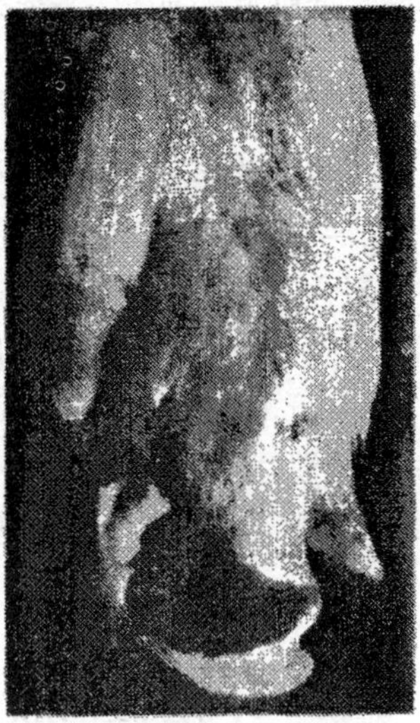

图4－8　口蹄疫:一头猪的“脱靴”

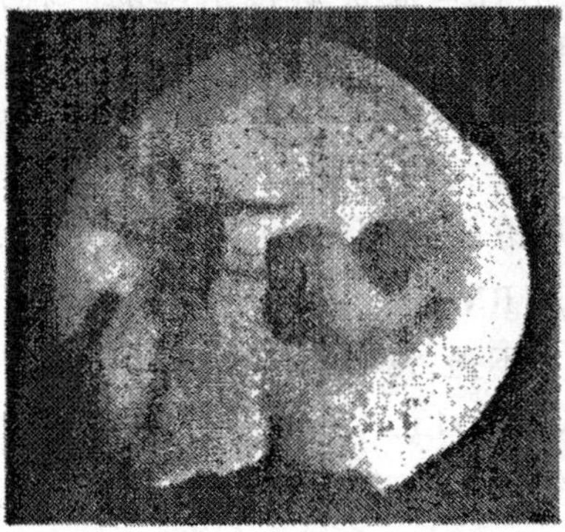

图4－9　口蹄疫:一头猪的鼻镜上的水疱

犊牛发生口蹄疫,水疱症状不明显,主要表现为出血性肠炎和心肌炎,病死率很高。

治疗:

按照规定,发生口蹄疫的病畜以扑杀为主,不予治疗。但在疫情流行地区,发病率高,一般呈良性经过,死亡率低,犊牛不经治疗、不加强护理会发生死亡。为此在疫情流行地区,病畜较多时,可以进行治疗以加速康复。治疗时可以采用局部用0.1%高锰酸钾、3%双氧水等消毒药进行消毒处理,或用抗生素静脉给药防止合并感染。在病畜因口腔溃烂不能进食时,一是饮给稀粥等柔软的流食,二是静脉补液,补糖等营养物,以加速康复。

第二节　水疱性口膜炎

本病是由水疱性口膜炎病毒引起的一种急性水疱性传染病,其特征为舌面黏膜发生水疱,有时可侵害蹄部和乳房皮肤,呈良性经过。

病原:

该病毒属于弹状病毒科、水疱性病毒属,病毒呈子弹状或棒状,有囊膜,为单股RNA。

本病毒抵抗力不强,58℃环境下30分钟即可灭活,阳光下很快死亡,土壤中病毒在4℃~6℃时可存活数天,在低温下可长期保存,1%氢氧化钠能迅速杀灭该病毒。实施中常用火碱。

流行病学:

本病可侵害多种动物和家畜,老龄的牛、猪较幼龄动物敏感性高，人也会感染。病畜和带毒动物为主要传染源，主要通过损伤的口黏膜和皮肤传播。本病具有一定的地区性和季节性。

症状：

本病潜伏期一般为3～4天，病初体温升高到40℃～41℃，精神沉郁，之后口腔、唇、舌黏膜发生水疱。此时体温下降至常温，水疱大小不一，由豆大到核桃大，内含黄色透明液体，不久溃烂，形成红色糜烂斑，食欲下降，但有饮欲，这是由于口腔病变引发的。

经10天左右，口腔病变愈合，预后良好，很少发生死亡。

防制：

加强奶牛的饲养管理，杜绝引入病牛。

发生本病后进行检疫，隔离病牛；消毒被污染的环境、用具、场地；对病牛加强护理，给予柔软易消化的饲草、饲料；对口腔病变可用一些消毒防腐药治疗，如碘甘油、冰硼散、1%～2%明矾等。

第三节　牛瘟

本病是由副粘病毒属的RNA牛瘟病毒引起的偶蹄类动物特别是牛的一种急性接触性败血症传染病，病常以突然发生，高热稽留，病程短促，致死率高，消化道黏膜有卡他性、出血性、纤维素、性坏死性炎症为特征。

本病在自然条件下只感染牛。

实验室检验：

1. 病原学检查：使用病牛的淋巴结或发热期的血液，用犊牛肾细胞培养分离鉴定病毒。

2. 血清学诊断法:可采用补体结合反应,琼脂扩散反应,中和试验,间接血凝反应进行诊断。

防制:

我国已于20世纪50年代消灭牛瘟,目前的关键是严防该病传入我国。

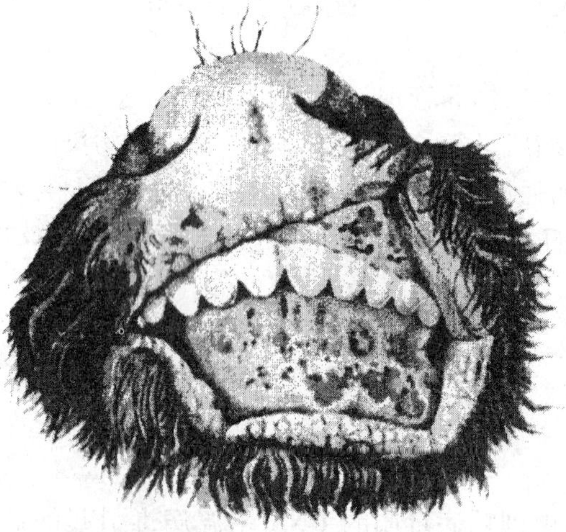

图4-10　牛瘟:牙龈上皮慢性坏死、糊状软化和部分脱落,形成烂斑(采自1866年英国报告)

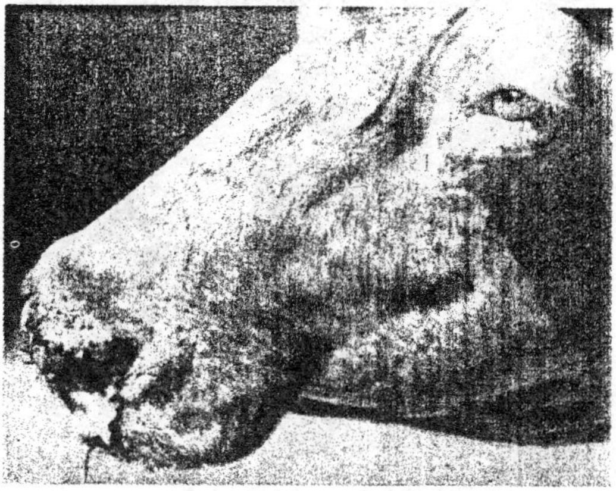

图 4－11　恶性卡他热:主质性角膜炎和鼻漏

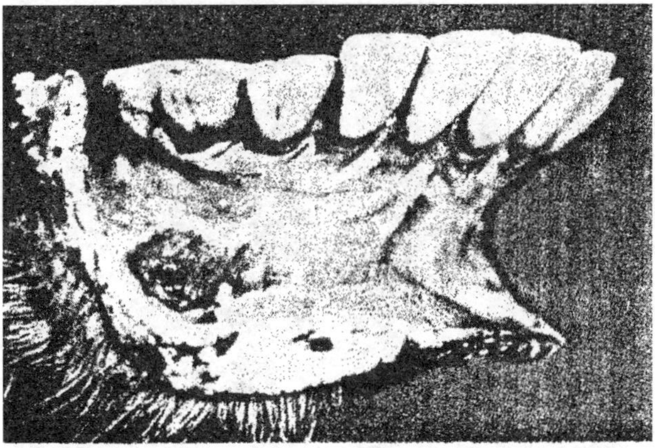

图 4－12　恶性卡他热:下唇内面和牙龈上的烂斑

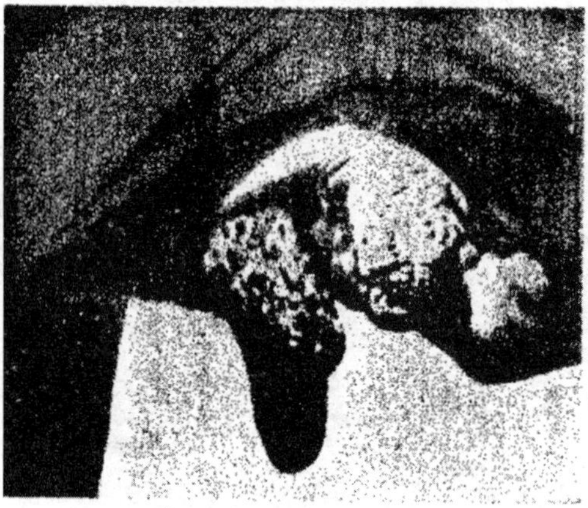

图 4－13　恶性卡他热:乳头上的丘疹

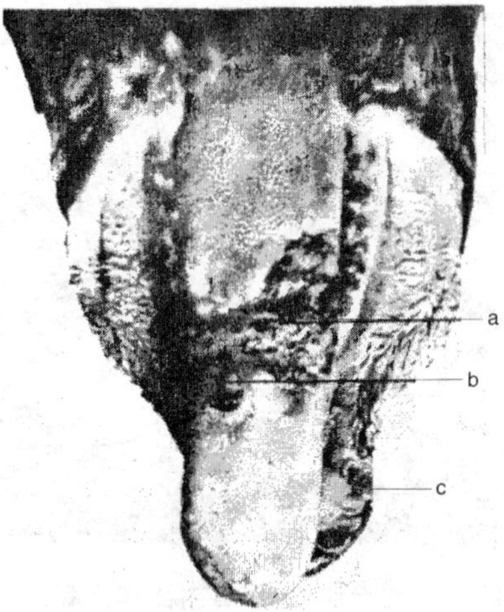

图 4－14　犊牛白喉:a. 舌中的坏死病灶 b. 唇上的白喉样溃疡

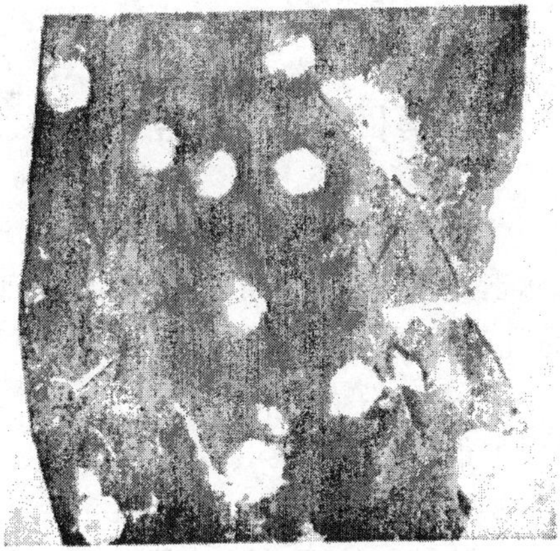

图 4－15　坏死杆菌病:继皮肤坏疽之后在一头牛肝脏中发生的坏死病灶

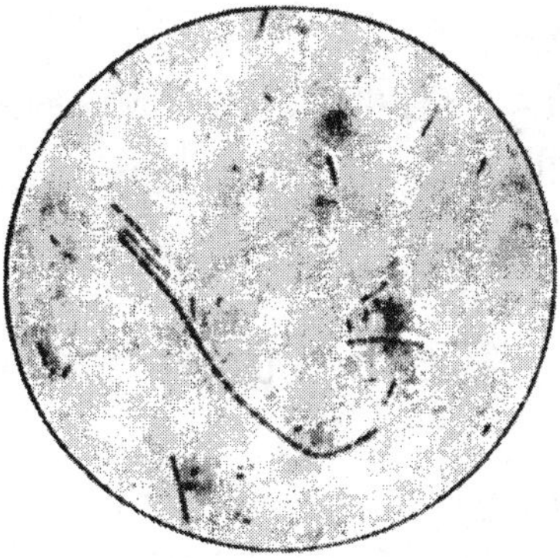

图 4－16　坏死杆菌,采自一头犊牛舌中的坏死病灶,品红染色后用 0.5% 醋酸处理

第四节　牛痘

牛痘是痘苗病毒或牛痘病毒引起牛发生的一种急性接触性传染病，主要表现为乳房或乳头上形成丘疹、水疱、脓疱、结痂，一般呈良性经过。

在奶牛养殖户中很少发生。

防制：

平时加强对奶牛的饲养管理，搞好环境卫生，防止病牛或牛痘苗的进入，一旦发生本病，应迅速隔离病畜，消毒环境、用具。

治疗：

局部病灶用0.1%高锰酸钾液洗涤，擦干后涂抗生素软膏，如氧化锌、磺胺、青霉素软膏等。

牛痘可传染给人，接种牛痘、创伤未愈合的人，禁止与牛接触。注意卫生，防止互相传播。

第五节　伪狂犬病

病原：

伪狂犬病毒属疱疹病毒，能在多种动物细胞上生长繁殖，产生核内包函体。

流行病学：

自然发生于牛、绵羊、犬、猫、鼠。除成年猪外，对其他动物都是高度致死性疾病，但成年猪症状很轻，很少死亡。病猪、带毒猪、鼠为本病重要传染源。

临床症状：

潜伏期3～6天，少数达10天。

牛对本病高度敏感，发病后常于48小时内死亡，主要表现为皮肤有强烈痒感且身体任何部分都可发生，病畜于墙、柱上摩擦患痒部皮肤；体温高达40℃以上，当病程进展到侵害延髓时表现为咽麻痹、流涎、用力呼吸、心律不齐、磨牙、吼叫、痉挛而死；有的病畜患病后，未发生痒觉便在数小时内死亡。

病理变化：

牛皮肤撕裂，皮下水肿严重。

病死牛皮肤剧痒处皮下呈弥漫性肿胀，切开皮肤，皮下呈淡黄色胶胨样浸润，并有少量出血。

真胃充血，黏膜下层胶样浸润，有时有出血斑、坏死灶、大小肠充血、水肿，空肠、回肠之间有环形出血区、肠系膜充血。肺气肿、充血，切面有多量泡沫状暗红色血液流出。脾肿大，有出血点，心内外膜，冠沟有出血点，脑膜充血，水肿，脑实质出血，脑组织呈化脓性脑炎。

诊断：

1. 发病后奇痒
2. 后期表现神经症状
3. 死亡快
4. 发病与猪、鼠的存在有关

实验室检查

1. 病毒分离：

①将病料制成10%乳剂,2000转/分,离心,取上清液接种于家兔,于36~48小时出现奇痒等典型症状而死亡者。

②接种鸡胚尿囊膜和细胞培养法分离鉴定病毒。

2. 血清学试验:常用血清中和试验、补体结合试验、荧光抗体试验等。

防制:

无特效防治方法,用消灭牧场和饲养场中的鼠类,牛、猪分离饲养等措施防止伪狂犬病的发生。

第六节　狂犬病

目前已被人发现的人畜共患病有200多种,较重要的有89种(细菌病20种、病毒病27种、立克次氏体病有10种、原虫和真菌病5种、寄生虫病22种、其他疾病5种)。

人畜共患病的传播方式有:

1. 直接或间接接触病畜;
2. 虫媒传播;
3. 呼吸传播;
4. 唾液传播;
5. 饮食传播;
6. 粪溺传播;

狂犬病就是常见的人畜共患病之一。

病原和症状:

狂犬病是由狂犬病毒引起的所有温血动物和人患有的一种急

性致死性脑脊髓炎，以狂躁不安、行为反常、有攻击行为、进行性麻痹和最终死亡为特征的人畜共患病。该病潜伏期长，主要通过破损的皮肤或黏膜侵入人体，经神经末梢上行进入中枢神经系统。我国分离的狂犬病病毒属于基因I型病毒，也就是古典狂犬病毒(BABV)，致死率几乎100%。犬感染狂犬病病毒后潜伏期一般为2～8周，长的可达数月甚至数年，短的仅有一周，牛和羊狂犬病的平均潜伏期为15日，平均发病期为4日。

免疫原则：

所有犬实行全面强制免疫，每年免疫一次。发生疫情时，要对疫区内所有易感动物和被犬咬伤的动物进行紧急免疫。

使用疫苗：

1. 灭活苗：

灭活苗是用石炭酸灭活的绵羊或山羊脑疫苗，安全、效果确实，发达国家一直使用这类疫苗。在我国由于制备成本昂贵，多在大城市使用，免疫期一年。

2. 活疫苗：

(1)中国药品生物制品检测所生产的传代细胞活疫苗。

(2)长春生物制品研究所制备的活疫苗，中和抗体保持1年，加强免疫一次后，免疫期可持续2年。

(3)解放军农牧大学和长春生物制品研究所分别制备的犬用口服疫苗。犬口服以后，抗体阳转率分别大于或等于97%和80%。

3. 使用方法

灭活菌苗在3月龄时给犬和猫免疫、一年再加强免疫一次，就可获得3年期的保护力。以后每年或3年加强免疫一次。

4. 其他防疫措施

(1)加强犬的饲养管理。养犬要实行登记备案制和免疫标识制。

(2)检测。每年进行1～2次检测,抽检0.1%,采集新鲜唾液用小鼠和细胞培养物感染试验或用酶联免疫吸附试验判断。

(3)引种。到非疫区引种。

第七节　牛恶性卡他热

牛恶性卡他热是由病毒引起的牛的热性传染病,又称恶性头卡他或坏疽性鼻炎,其特征是上呼吸道、鼻窦、口腔、胃肠道黏膜发生卡他性纤维蛋白性炎症,常伴有角膜混浊和神经症状,呈散发或地方性流行,病死率很高。

病原:

本病毒可能为疱疹病毒属的成员,核酸类型为双股DNA。

在血液中的病毒主要牢固地吸附在白细胞上,不易脱落,也不易通过细菌滤器;对外界环境抵抗力不强,不耐冷冻和干燥,在室温中24小时即可失去活力,冰点以下失去传染性。经腐败作用病毒很快死亡,在50%甘油盐水中保存一周或使用常用的消毒药都有很好的消毒效果。

流行病学:

在自然情况下主要发生于黄牛和水牛,一般认为带毒绵羊是牛群中爆发本病的来源。此病可以通过胎盘传递。因此牛、羊不应混群或在一处饲养。

症状:

潜伏期一般为 4～20 周。

根据发病情况可以分为最急性型、消化道型、头眼型及慢性型。

最初症状有高热(41℃～42℃)、肌肉震颤、寒战、食欲锐减、瘤胃迟缓、泌乳停止、呼吸和心跳加快、鼻镜干热；也会出现口、鼻、眼等黏膜卡他性变化，如发热、充血、坏死和糜烂；数日后，炎症蔓延影响各器官功能，症状加剧，晚期病牛高度脱水、衰竭、体温下降，常于 24 小时内死亡。

防制措施：

本病目前尚无有效的免疫疫苗及治疗药物。

发病后立即隔离，消毒牛舍及用具，采取对症治疗，如用 0.1% 高锰酸钾，冲洗口腔，2% 硼酸水洗眼，然后滴入氯霉素、土霉素眼药水(膏)，有下痢的服痢特灵、磺胺脒、敌菌净、环丙沙星等抗菌药物，同时配合强心补液。

第八节　牛病毒性腹泻(黏膜病)

(详见本丛书犊牛病毒性腹泻一节)

第九节　牛流行热

本病是由病毒引起的牛的热性、急性传染病，又称三日热和暂时热。其特征是突发高热、流泪、流鼻液、流涎、呼吸急促、后躯僵硬、跛行,常为良性经过,发病率高,死亡率低。

不同年龄、性别的牛均可感染,以3~5岁牛多发。

在自然条件下主要通过吸血昆虫蚊、蠓、蝇叮咬牛皮肤传播,所以本病主要发生在吸血昆虫活动频繁的季节。如北方8~10月份。

本病发生有明显的周期性(约3~5年)。

症状:

潜伏期3~5天,体温突然升高到40℃~42℃,维持2~3天后降至常温。病牛精神极度委顿、厌食、反刍停止、呼吸困难、头颈伸直、张口、舌外伸、有明显鼾声、脉搏细弱、眼结膜充血、水肿、流泪、畏光、鼻流出黏液性分泌物,流涎呈线状;四肢关节肿胀、僵硬、疼痛,喜卧,强迫行走则步态不稳、跛行;皮温不整;初便秘后可能腹泻,甚至便血,尿量少而混浊,呈暗褐色,泌乳下降或停止,孕母牛可能流产,产死胎。

多数病例呈良性经过,病程3~4天,能很快恢复,病死率低。常因跛行与瘫痪而淘汰。

其病变主要在肺部。

防制:

本病尚无有效疫苗和特效药,在蚊蝇活动季节,注意防蚊蝇、灭蚊蝇。

发病后要迅速诊断,封锁发病牛场,隔离病畜,消毒环境,消灭吸血昆虫。

对症治疗:

解热镇痛,强心利尿,补液,补维生素,使用抗生素药防止继发感染。

治疗时切忌灌药，因病牛咽部麻痹，以防灌药引起异物性肺炎。

（详见本丛书奶牛流产一节）

第十节　牛传染性鼻气管炎

牛传染性鼻气管炎是由病毒引起的牛发生的一种急性、热性传染病，又称“红鼻病”，其特征是咳嗽、流鼻涕、呼吸困难，呼吸道黏膜水肿、出血、坏死、糜烂。

本病在世界各地普遍存在，我国也有发生。

病原：

牛传染性鼻气管炎病毒属疱疹病毒科，疱疹病毒属，于牛肾细胞上生长，作电镜检查。该病毒在 pH7.0 的溶液中很稳定，4℃环境下 30 日可维持原有滴度。病毒与等份乙醚、酒精、丙酮混合后会快速消失活力。病毒可在牛、马、羊肾细胞上生长，产生病变，均可产生核内包涵体。本病只有一个血清型。常用消毒药均可将其灭活，如 0.5% 氢氧化钠 0.5 分钟，5% 福尔马林 1 分钟，1% 石碳酸 5 分钟可将病毒灭活。乙醚、乙醇、紫外线都能将病毒灭活。

流行病学：

本病多发于牛，病牛和带毒牛是传染源，交配也可传播本病。本病多发于寒冷季节。

临床症状：

潜伏期为 5 ~ 7 天，本病分为呼吸型（俗称红鼻子）、生殖道型、流产型、脑膜脑炎型、眼炎型。不同的型突出不同的症状。

诊断：

本病发生于寒冷季节，发病率高，死亡率低。症状以体温升高（40℃～42℃），呼吸困难，呼吸增数，鼻流黏液性鼻漏，鼻窦、鼻镜高度发炎而红肿，奶牛阴道发炎、化脓、坏死，公牛阴茎包皮出现脓疱，孕牛流产，犊牛出现神经症状。确诊要进行实验室检查。

包涵体检查：在发病的早、中期取上呼吸道病料制成切片，检查上呼吸道上皮细胞内的嗜酸性核内包涵体。

分离病毒：将发热期鼻眼分泌物，流产胎儿的器官、实质脏器分泌物等病料处理后，接种于牛肾细胞培养，进行病毒的分离鉴定。

血清学试验：取病牛血清做中和试验，间接血凝试验，酶联免疫吸附试验（ELISA）。

本病与流行热：牛衣原体病有相似之处，应注意鉴别。

防制：

目前无特效治疗药物，国外有弱毒疫苗，我国尚无。发病后立即采取隔离病牛，扑杀、消毒、封锁疫区等常规措施。

第十一节　牛白血病

牛白血病是由病毒引起的牛的慢性肿瘤性疾病，又称牛造血细胞组织增生、牛淋巴肉瘤、牛恶性淋巴瘤病、牛地方流行性白血组织增生等。特征是淋巴样细胞恶性增生，进行性恶病质，死亡率高。

病原：

牛白血病毒属反转录病毒科、肿瘤亚科 C 型，本病毒有三个型。

病毒对外界环境因素抵抗力不强，56℃环境下30分钟灭活，常用消毒药可将该病毒灭活。

流行病学：

主要发生于成年牛，以4～8岁常见，奶牛最易感。带毒牛为传染源，可以水平传播，也可垂直传播给犊牛。

临床症状：

本病有亚临床型和临床型两种。亚临床型无肿瘤形成，但淋巴细胞增生可持续多年甚至终生。对健康状况无任何影响。临床型病牛生长缓慢，体重下降，体温正常，体表淋巴结、腮淋巴结、肩前淋巴结、股前淋巴结显著增大，经直肠可以摸到某些腹腔内淋巴结呈一侧或对称型增大。触摸到淋巴结可移动。

病牛骨髓受损害，可见贫血，可视黏膜苍白。血液学检查后可见白细胞升高，淋巴细胞显著增多，甚至多达98%，其中未成熟淋巴细胞（成淋巴细胞或瘤细胞）尤其多。心肌受损，表现为心动过速、心音异常、病畜衰弱。皱胃发生浸润时，出血、排黑粪。脊髓或脊神经受侵害时，引起共济失调，不全麻痹或全麻痹，多以死亡结束。

对疑似病牛，直肠检查很重要，可以发现骨盆腔内淋巴结的变化，特别是腹股沟淋巴结和髋淋巴结在体表淋巴结增大之前就增大数倍。

病理变化：

尸体消瘦，贫血，体表淋巴结增大，被膜紧张呈均匀灰色，柔软，切面突出。心脏、真胃、脊髓发生浸润，色灰而厚，全身性被动充血、水肿。

诊断：

检查血象变化是诊断本病的重要依据。其特征是白细胞数明显增加，淋巴细胞增加，出现成淋巴细胞（瘤细胞）。对感染的淋巴结作组织检查，如发现成淋巴细胞，可以证明有肿瘤存在。

尸检取样（右心房、肝、脾、肾和淋巴结）作显微镜检查，可以确诊。

实验室检查：

血清学：可用琼扩试验、酶联免疫吸附试验、间接免疫荧光技术等。

防制：

对本病尚无特效治疗方法。发病后应予扑杀，牛群中发病较多的应全群扑杀，环境要彻底消毒，并注意消灭吸血昆虫，病畜肉乳禁止人食用。

有条件的牛场，每年要做临诊，血液、血清学检查，淘汰病牛净化牛群。

第十二节 牛轮状病毒感染

详见本丛书犊牛拉稀病防治一章中牛病毒性拉稀一节。

第十三节　动物病毒性疫病防疫中存在的问题

动物免疫学是近代生物科学发展的重要组成部分,也是近代人与动物预防传染病的重要手段之一。20 世纪 20～30 年代牛痘疫苗的普及应用,到现在人类痘病的绝迹,这是应用疫苗免疫预防和消灭传染病的一个成功典范。1950 年消灭牛瘟的战役中,疫苗免疫有效地切断了传染病传播中三个环节中的一环,把易感动物牛变成了对牛瘟病毒无敏感性的动物,很快在全国范围内消灭了牛瘟病。

由于病毒在活细胞内繁殖的特点,到目前为止还没有发现防治病毒的有效药物。但病毒的免疫原性给我们提供了一条预防病毒病的有效措施。诸如,高致病性禽流感,鸡新城疫,猪瘟,猪蓝耳,牛羊口蹄疫,狂犬病等病毒病都有免疫效果良好的疫苗在实践中推广与应用。这些疫苗免疫在实践中还存在不少问题,造成免疫效果不佳的因素主要有:

1. 人为因素。接种率不高,造成防而不止。我们 1997 年在三间房乡庙营村做了一个实验。因为 1996 年该村 50 户养猪户死亡 46 口猪,初步印象是死于急慢性猪瘟病。据当地防疫人员讲,春防和秋防都做了含有猪瘟的三联苗。于是我们把 1997 年春防提早到三月份,由旗兽医站派人员配合当地防疫人员进村对全村的猪一个不漏地进行接种。后来又结合瘦肉型猪基地建设项目,对全村猪定期补针 3 次,查漏补缺。结果当年全村因病死亡2头猪。这个实验充分说明,防疫密度达到100%,防疫效果就能达到98%以上,特别是我国的猪瘟弱毒Ⅱ号苗,其免疫原性非常好。

2.病毒方面的因素。例如,禽流感病毒属于黏病毒科,根据病原核蛋白(NP)和膜蛋白(MP)抗原及其基因特性的不同将流感病毒分为A、B、C三型。A型流感病毒常引起人畜发生流行性流感病。A型流感病毒根据表面抗原血凝素(HA)分为和神经氨酸酶(NA)不同的亚型,目前已发现16种HA和10种NA,HA和NA可任意组合成一种新的亚型,因此A型流感病毒亚型多,而各亚型之间诱导的抗体不能相互交叉保护(免疫);这样便给人为免疫带来一定难度。比如,现在的禽流感疫苗为H5N1(RE-5,RE-4),如果出现新的亚型感染,由于它们不能交叉保护就使免疫失败。这些都进一步说明了高致病性禽流感亚型多,而且无共同的免疫原性,会造成免疫效果不佳或免疫无效。例如,目前已发现的H7N9病毒等亚型就不能用H5N1的疫苗来防控。再例如,口蹄疫病毒(FMDV)属于小DNA病毒科,是由VP1,VP2,VP3和VP4四种衣壳蛋白包裹,单正股正链RNA组成无囊膜的正20面体结构。其中VP1蛋白包含有主要的免疫原性位点,诱导产生中和抗体VP1基因在口蹄疫疫苗研制中倍受关注。在被感染动物体内还可以发现一种非结构性的病毒特异蛋白质称为病毒感染相关抗原(病毒RNA聚合酶蛋白3D抗原),实际上是在病毒复制过程中的RNA聚合酶,但在注射灭活疫苗的动物体内不能检出感染病毒相关抗原及其抗体。动物感染的口蹄疫病毒,根据动物交叉保护和血清学实验可分为A,O,C,SAT1,SAT2,SAT3和SAISL等7个血清型,各型间无交叉反应,不同型之间没有交叉免疫性;同型内的亚型间有部分交叉免疫性有些毒株对猪致病,而对牛羊不致病。

这些都说明口蹄疫病毒 VP1 的免疫原性,或者说它导致产生的抗体免疫能力大不相同,不能产生共同的抗病能力。这就是给疫苗免疫造成效果不确定的原因。

3. 防疫体系建设中存在一些问题。近几年土右旗重视防疫体系建设,建立 18 个乡级站,220 个村级防疫室;配备了摩托车、冰箱等设备;给乡级站和村级站每人每月都发放工作津贴,逐步提高防疫员待遇。但是工作中也不时出现许多具体问题。

(1)按要求,防疫员要免费入户为养殖户进行防疫注射,现在一年进行两次集中防疫,每次十种疫苗。据统计,土右旗有肉羊 120 万只,奶牛 8 万多头,猪 30 多万口,鸡的数字更大 。这就出现了一个问题——防疫员工作量大,收入少,不能专心、专业地搞防疫工作,对防疫工作积极性不高。

(2)在防疫工作中难免出现一些动物不吃等注苗反应,群众要找防疫员说:“你给我的猪打坏了,不吃了,咋办?”有的出现过敏性或其他原因的死亡,更要找防疫员要求赔偿。因此,应该有一个制度明确责任,什么性质的责任由哪一级负责,明确赔偿资金的来源和赔偿单位。

(3)对防疫人员专业培训力度不大。一方面培训次数少,时间短;另一方面,培训对象积极性不高,不愿意参加,怕影响种地、打工等工作(因为防疫工作不是他们的重要收入来源)。由于专业知识不足会导致发生一些不该发生的技术事故。

4. 疫苗方面的因素。首先是疫苗本身的效价是否准确。例如羊布氏杆菌苗,一个羊单位应含 100 亿个活菌,而疫苗出厂时是否能达到这个标准。其次,通过长途运输、较长期储藏,其效价是否仍能达到设计有效性。疫苗的安全性也是值得探讨的问题,在实践中常发生不明原因的疫苗致病、致死现象。近年,使用活毒活菌疫苗基本安全,但也可能有例外。

5. 防疫人员的责任心和技术水平也会造成免疫效果不满意的结果。例如,注射羊痘苗要求准确注射在羊尾内侧皮内,有些防疫人员对这一技术掌握不准确,不能准确注射到位,从而造成免疫效果低下或无效。

第五章　奶牛细菌性传染病

第一节　炭疽

炭疽病是由炭疽杆菌引起的人畜共患传染病,表现为急性、热性、败血性,主要特征是突发高热,可视黏膜发绀,天然孔出血,皮肤出现局灶性炎性肿胀。死后尸僵不全,脾脏显著肿大,浆膜下结缔组织表现为出血性胶胨样浸润,血液凝固不良。本病常为散发或地方流行。

病原:

炭疽杆菌为革兰氏染色阳性大杆菌,无鞭毛、不运动、外有荚膜,在培养基础上不形成荚膜。

与外界空气接触能形成芽孢,芽孢位于菌体中央或稍向一端,呈圆形或卵圆形,它对外界环境具有极强的抵抗能力。在直射阳光下可存活 2 ~5 天,在污染的土壤、尸体、皮革、毛中可存活数年至数十年,遇有适宜环境进入畜体,很快繁殖致病。煮沸 15 分钟、高压灭菌(121℃)15 分钟灭活。

对炭疽污染环境消毒可用 0.1% 升汞、20% 漂白粉、5% ~10%

热氢氧化钠溶液(或火碱)。

流行病学:

病畜是主要传染源,吸血昆虫叮咬病畜后也可传播本病。病畜的分泌物、排泄物、血液、尸体含有大量炭疽杆菌,若处理不当,一旦接触适宜的空气和温度(15℃ ~42℃)则迅速形成芽孢,会污染土壤和水源,并使其成为本病长久的疫源地。在20世纪70年代我场某地羊群发生出血性败血症,病程短促,死亡50多只绵羊,后将尸体深埋,当时经过中国兽医药品检测所鉴定为羊炭疽。20年后的一次山洪后,该地牛、羊发生了炭疽病。说明此地是很早以前形成的疫源地。

临床症状:

最急性病畜在1~2小时内死亡,急性的24小时内死亡。一般表现为病畜突然发病、呼吸高度困难、全身抽搐、天然孔出血并很快死亡。

病程稍长的病畜除有急性热性病症之外,常在局部皮肤、口腔黏膜、舌、颈、前胸、腹下等处发生炭疽痈,初期硬团有热感,继而肿块热痛消失,有时坏死形成溃疡。

初步确诊的炭疽病畜禁止常规剖解。

严禁在非生物安全条件下进行对疑似炭疽患畜的病理解剖。

病理变化:

牛、羊多为败血型炭疽,死后僵尸不全、尸体腐败迅速、腹部膨胀、天然孔流出血样液体、可视黏膜发绀并布满出血点、血液凝固不良且呈煤焦油状。全身性出血,皮下可见淡黄色胶胨样浸润,脾脏显著肿大、呈暗红色,被膜紧张,脾质柔软,切面脾髓软化如泥。镜下脾髓充满血液,全身淋巴结肿胀,实质脏器变性、肿胀、出血。

诊断：

1. 实验室诊断

细菌学诊断

显微镜检查：采病畜或刚死病畜血液涂片、瑞氏染色、镜检。

培养鉴定：串珠试验、炭疽沉淀反应、噬菌体裂解实验均为阳性。

2. 血清学实验：常用环状沉淀试验。

预防：

1. 免疫原则：对 3 年内曾发生过疫情的乡镇的易感牲畜进行常规免疫。发生疫情时要对疫区、受威胁地区的所有易感畜进行一次紧急免疫、强化免疫。

2. 免疫用疫苗的使用：免疫用疫苗有Ⅱ号炭疽芽孢苗和无毒炭疽芽孢苗。Ⅱ号炭疽芽孢苗适用于牛、马、羊、猪，一般不引起接种反应。注射 24 日后可产生坚强的免疫力。免疫期一年。

无毒炭疽芽孢苗是一株弱毒变种，失去了形成荚膜的能力。但此苗对山羊反应强烈，禁用于山羊。

治疗：

在严格隔离条件下进行治疗。但往往来不及治疗就死亡。在规模化牛、羊养殖场，在病畜倒地不起时才会被发现。

炭疽免疫血清是治疗炭疽病的最佳选择，牛一次用 100 ~ 300 毫升，皮下肌注或静注。最好用同种动物血清。

抗生素和磺胺类也有良好治疗效果，常用青霉素和磺胺嘧啶，大剂量使用，一日 2 ~ 3 次，连用 2 ~ 3 天。

注意：炭疽是人畜共患病，常导致人发病死亡，有关人员要做好防护工作。

人患炭疽主要有皮肤炭疽、肺炭疽和肠炭疽三型。

第二节　牛结核病

结核病是人畜共患病，也是牛群中最常见的慢性传染病，本病特征是在体内某些器官形成结核性结节，结节中心形成干酪样坏死或钙化灶。牛结核病的病原体是牛型结核杆菌，另有人型、禽型结核杆菌。

病原：

结核分枝杆菌，即结核杆菌是直或弯曲的细长杆菌，不产生芽孢、荚膜，无鞭毛，抗酸染色阳性呈红色，为严格需氧菌。本菌对干燥、腐败及一般消毒药有较强的抵抗力，60% ~70℃环境下经 10 ~15 分钟杀死。本菌 对磺胺类、青霉素类及其他广谱抗菌药不敏感，而对链霉素、雷米封、对氨基水杨酸和环丝氨酸较敏感。

流行特点：

几乎所有的畜禽都有感染发生结核病的可能，其中奶牛的易感性最高，结核杆菌随鼻液、痰液、粪便、乳汁排出体外，污染饲料，饮水、空气等。成年牛多因与病牛、病人直接接触，犊牛多因喂了病牛奶而感染，本病主要通过呼吸道和消化道感染，交配也可感染。

圈舍拥挤、卫生不良、营养缺乏，可诱发本病。

临床症状：

潜伏期一般为 15 ~45 天，或更长。

1. 肺结核：以长期顽固的干咳为特点，清晨较明显；食欲正常，易疲劳，渐行性消瘦，严重时呼吸困难。

2. 乳房结核：先是乳房上淋巴结肿大，继而两乳区患病，以发生局灶性或弥散性硬结为特点，硬结无热无痛，表面高低不平，泌乳量下降，乳汁变稀，严重时乳腺萎缩、泌乳停止。

3. 肠结核：以消瘦和持续性下痢，或便秘与下痢交替发生为特点。粪便带血或脓汁，味腥臭。多见于犊牛。

4. 淋巴结结核：淋巴结结核的各型结核病，其相应的淋巴结均可发生结核变性病。通常发生于颌下淋巴结、咽喉淋巴结、腮腺淋巴结、颈中淋巴结、颈浅淋巴结、腹股沟淋巴结、膝上淋巴结等。此时淋巴结肿大，无热痛，并发周围结缔组织炎症，呈硬固性肿胀。(如图 5 – 1)

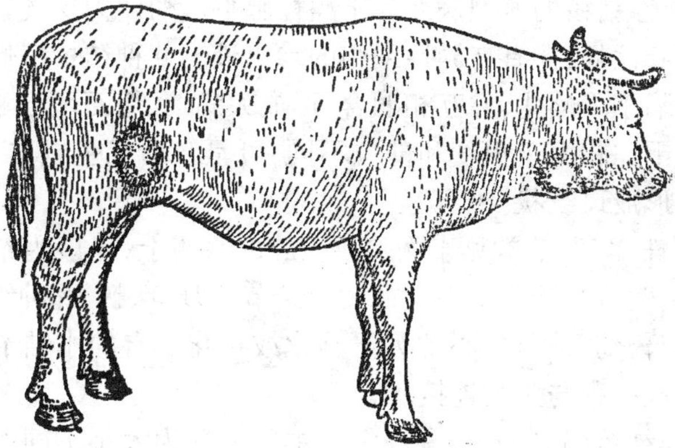

图 5 – 1　牛颌下和股前淋巴结结核

各种结核病，病势一旦恶化，即可发生全身性结核，即粟粒性结核。胸膜、腹膜发生结核病灶，即所谓的珍珠病。

结核杆菌还可侵害其他器官，发生睾丸结核、子宫结核和胸结核、骨结核、脑结核等。

剖检：

增生性结核结节大小不一，从针头大至鸡蛋大，白色或黄色，图 5－1 牛颌下和股前淋巴结结核坚实。新鲜结节四周有红晕，陈旧的多钙化，四周有白色结缔组织。此结核结节多发生于肺脏，其他器官也可见到。

干酪样坏死多见于组织器官内，常出现在结核结节的中心，脏器中也可见黄色干酪样病灶。有的干酪区变为脓样液体或钙化，有的坏死溶解组织排出后，形成空洞（多见于肺）。

渗出性结核的典型病变为干酪样肺炎。初期为支气管肺炎形态，是小叶性的，伴有特异性细胞的渗出液。此种结核病灶进一步发展时，陷于干酪化，并互相融合，形成大病灶，切面呈干酪样灰白黄色，但干酪化由于程度和部位不同，可呈灰白红色或白黄色，互相交错，形成斑纹状。

“珍珠样”结节常见于胸腔或腹腔的浆膜上，一般为粟粒至豌豆大的透明或半透明灰白色或黄色结节，似珍珠状，此种结节相互联合状似葡萄，结节中心常为干酪化或钙化。有的小结节成长不规律，形成一蒂与浆膜连接。

黏膜结核（胃肠及鼻黏膜等）主要表现为大小不同的结核结节或溃疡。溃疡为圆形或卵圆形，周围呈堤状，溃疡底坚硬，覆有干酪样物质。

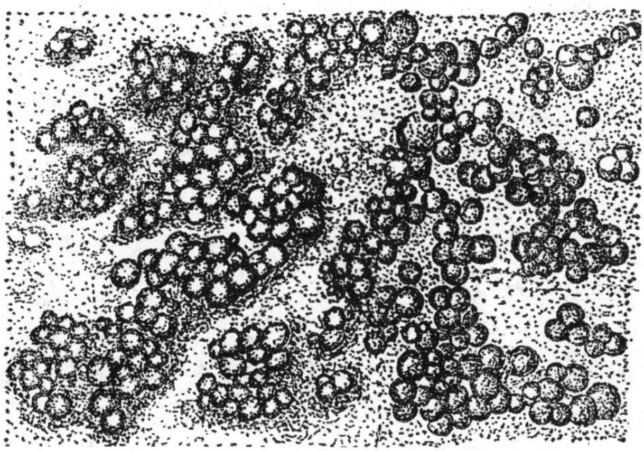

图 5－2　牛结核病胸膜上的“珍珠样”结节

病理变化：

主要在淋巴结、肺及其他脏器出现白色或黄色大小不等的结节，切开后有坏死干酪物、豆腐渣样慢性干酪区或钙化。

实验室检查：

1. 可采取病料进行涂片检查、分离培养和动物接种。
2. 血清学、血球凝集试验、补体结合试验、酶联免疫吸附试验。
3. 结核菌素变态反应试验（现场）。

检疫：

诊断或检疫牛结核病用牛型结核菌素作变态反应。我国规定，应同时使用皮试和点眼法两种，每次检疫各做两回，任何一种方法呈阳性，即判为结核病阳性牛。

皮试法：皮内注射，不足 3 月龄小牛于肩胛处，其他牛于颈部上三分之一处皮内注射结核菌素，3 月龄以下牛 0.1 毫升，3 月龄至1周岁牛0.15毫升,1岁以上牛0.2毫升。注射后经48~72小时观察注射部位的反应。注射前和检查时都要用游标卡尺量皮厚和肿胀面积。如果注射局部皮厚差在8毫米以上判为阳性。(见图5-9)。

点眼法:点眼时点入左侧眼内3~5滴(0.2~0.3毫升),于3小时、6小时、9小时、24小时后分别观察反应,如出现脓性眼眵则判为结核菌素阳性反应。

防制:

采取检疫、隔离、消毒、培养健康牛群等综合防制措施。加强饲养管理,提高牛群的抵抗能力。

每年进行1~2次全群结核菌素皮试,检出阳性牛扑杀。

加强消毒防疫工作。每年进行数次预防性消毒,普通消毒药为10%漂白粉、5%来苏、20%石灰乳。

结核病人不得饲养管理牛群,以防人感染动物。

为防止感染的动物感染人,工作人员应注意防护自己,定期体检。

一旦人感染结核病,积极用雷米封等抗结核药治疗是可以治愈的,不必惊慌。还有乙胺丁醇、吡嗪酰胺、利福布丁、氧氟沙星、莫西沙星、克拉霉素、利福平、硫酸卷曲霉素、对氨基水杨酸等多种抗结核药。目前世界上对抗结核药的研究进展很快,而且新药的抗结核作用更好、更有效。

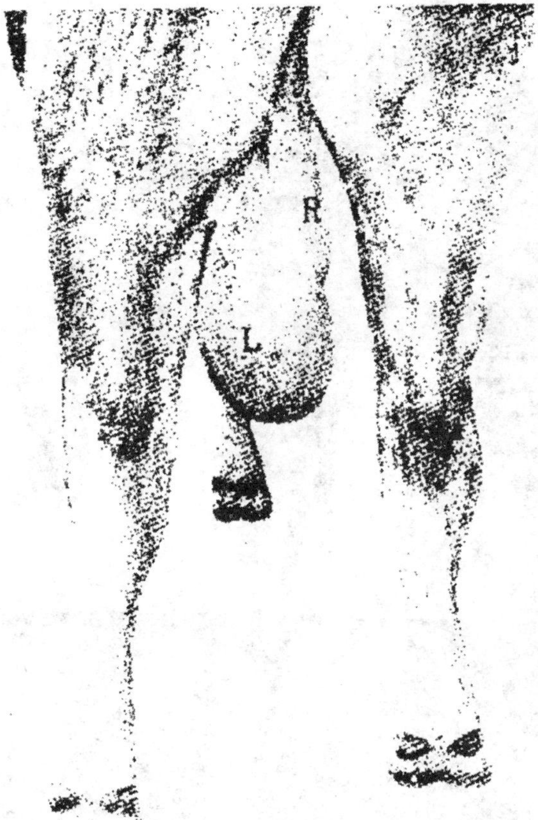

图 5－3　一头公牛的睾丸结核：L 为高度肿大的左睾丸，R 为没有改变的右睾丸

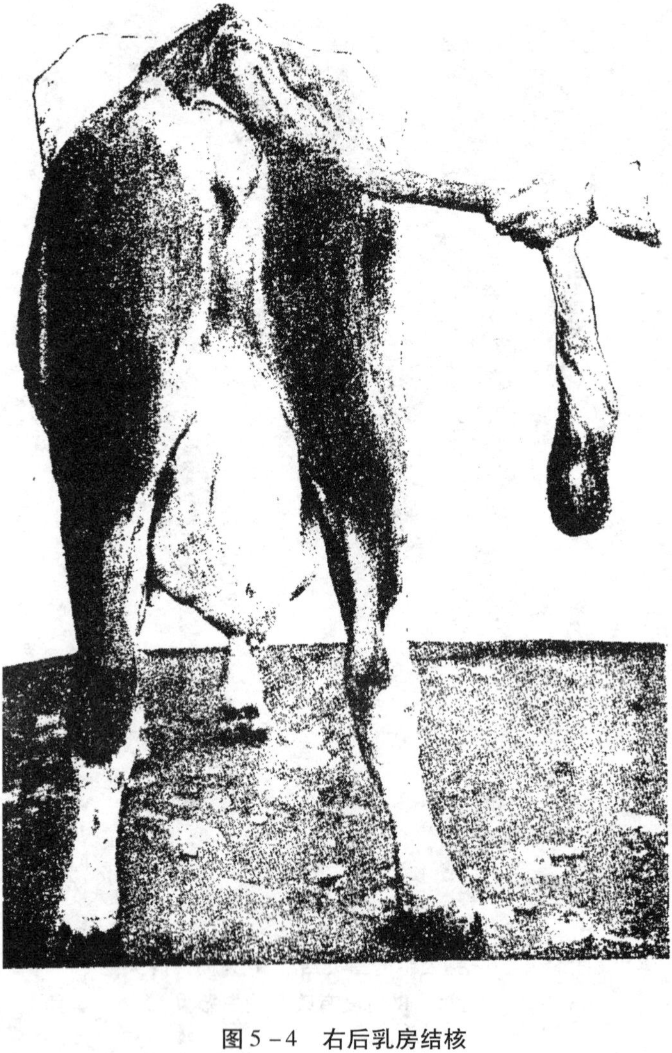

图 5－4　右后乳房结核

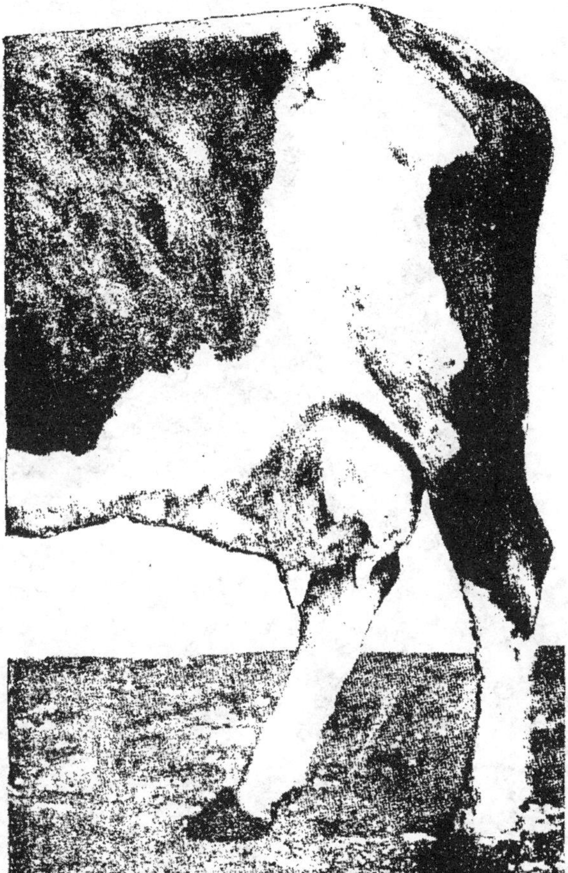

图 5－5　右后乳房结核

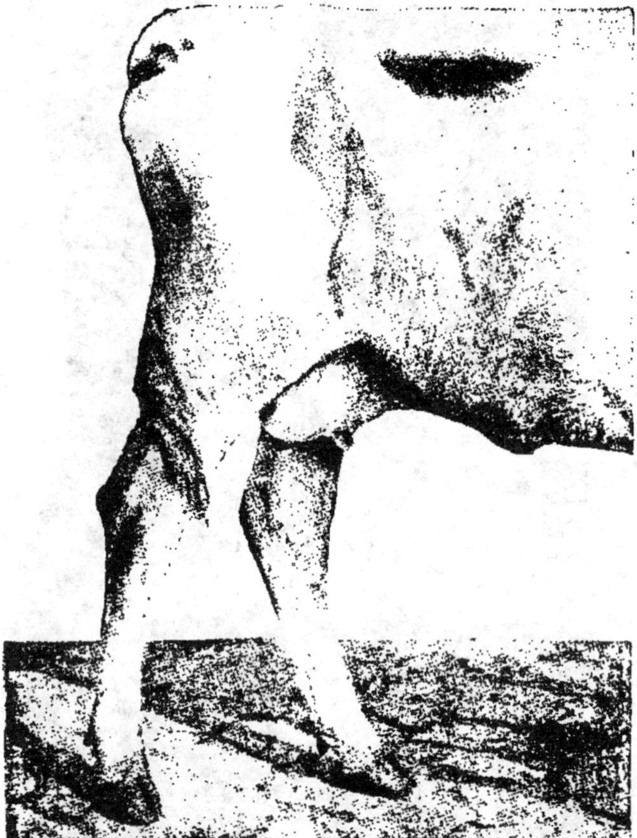

图 5-6　右后乳房结核，乳腺组织高度萎缩，股前（膝襞）淋巴结肿大

图 5－7　左后乳房结核,左侧乳房淋巴结肿大(a)

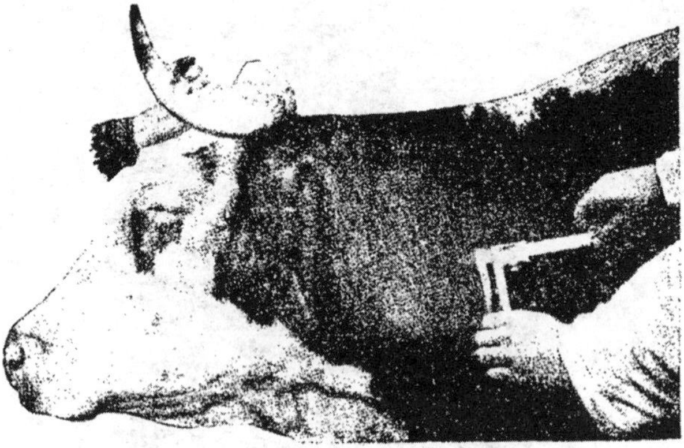

a

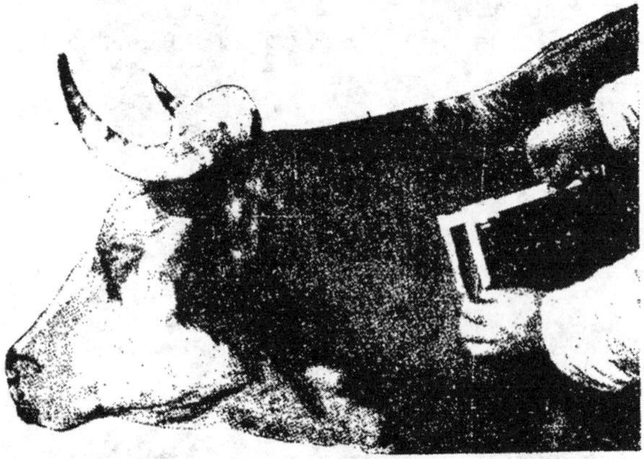

b

图 5－8

a. 皮内结核菌素试验：注射结核菌素前皮肤皱襞的厚度

b. 皮内结核菌素试验：阳性反应时皮肤皱襞的厚度

第三节　牛副结核

副结核病是由副结核分枝杆菌引起的反刍兽的慢性传染性肠炎,其特征是周期性下痢,会使病畜渐进性消瘦,肠黏膜增厚,并形成皱褶。呈增生性肠炎及肠系膜淋巴炎、淋巴管炎。

病原:

副结核分枝杆菌,G+,萋尼氏抗酸染色呈红色,并有抗酸、抗酒精、抗碱性的特性。其为需氧菌,培养最适温度为37.5℃,最适pH值为6.8~7.2,初次分离培养比较困难,需时较长。本菌对外界抵抗力较强,在污染牧场、厩肥中可存活数月至数年。对化学药品抵抗力较强。

流行病学:

传染源是患畜。可经消化道传染,并可通过胎盘传给胎犊;还可因患畜精液、乳汁、尿液排菌而感染。本病流行缓慢,散发为主或呈地方性流行。主要发生于牛。犊牛易感性高。

症状:

本病潜伏期长达1~2年,病初无症状,只能用变态反应检出病牛,但可向外排菌。

腹泻是主要症状,初期为间歇性,后变为顽固性水样腹泻。随病程的延长病牛出现精神沉郁、消瘦、贫血、停乳等全身症状,经3~4个月或6个月到2年死亡。

有时也会出现好转后再发生,呈间歇性反复发作。

病理变化：

病变主要在肠道和肠系膜淋巴结，在空肠、回肠和结肠前段表现为肠黏膜增厚（可增厚2～3倍或20倍），并形成硬而弯曲的皱褶，如脑回状，肠黏膜呈灰黄色或黄白色，皱褶突起处常见血，并附有黏稠的灰黄色液体；肠系膜淋巴结肿大，切面湿润，上有黄白色病灶，肠系膜淋巴管肿大呈索状，浆膜和系膜水肿。

诊断：

1. 肠炎的典型症状。

2. 病料涂片检查或分离培养鉴定。

3. 变态反应用副结核菌素，颈部皮内试验用禽结核菌素，方法同结核皮试（变态反应）法。

4. 血清学试验：可用补体结合试验，酶联免疫吸附试验、荧光抗体试验等。

防制：

1. 检出病牛以淘汰为主，积极净化牛群。

2. 如果一群牛中病牛较多，可采用培养健康犊牛的办法。

3. 平时加强环境消毒，提高饲养水平，杜绝病畜进场。

第四节　牛放线菌病

放线菌病为牛、马、猪和人的一种多菌性慢性传染病，以牛最为常见。病的特征为头、颈、颌下和舌的放线菌肿，牛常发生骨质疏松性骨炎，猪常发生乳房和颚骨的肿胀。

所谓多菌性是指本病病原主要为牛放线菌、林氏放线杆菌，此外还有化脓棒状杆菌、金黄色葡萄球菌同时感染。

防治：

1. 平时避免在低湿地放牧，舍饲时喂前将干草、谷糠浸软，防止刺伤口腔黏膜，有伤时及时治疗。

2. 发病后采取外科疗法，如病灶在软组织且体积不大并与周围组织界限明显能够分离时，可切除肿块，且如有瘘管一并切除，切除后伤口按常规外科处理。创腔用碘酊或碘伏纱布填塞，伤口周围注射10%碘仿醚或2%卢戈氏液，也可内服或静注碘化钾治疗。

口服碘化钾，成年牛每日5～10毫升，隔日一次，3～5次即可见效，如出现用药碘中毒可停药3～6日，或减量用药。

还可用青霉素、链霉素注射于患部周围，每日1～2次，连用5日为一疗程。“木舌症”或软组织急性肿胀，可用广谱抗生素静注，连用3～5日。链霉素等或与碘化钾同时用。

锥黄素疗法：用1%锥黄素溶液1.5～2毫升注射于患部，隔4～5天注1次，共注2～4次，严重病例可用1%锥黄素200～600毫升静注，4～5天后再注一次。

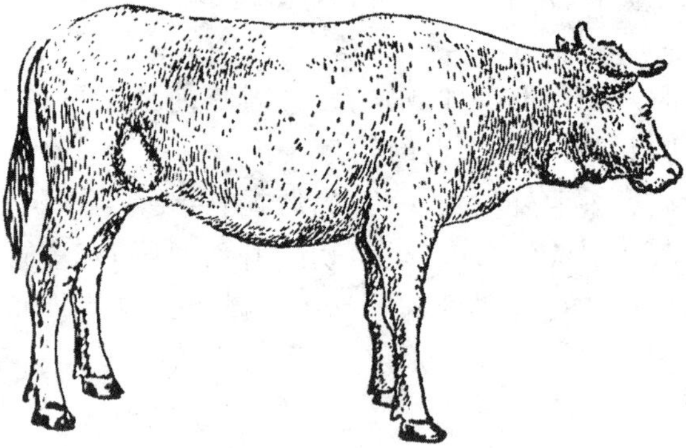

图5－9　牛颌下和股前淋巴结结核

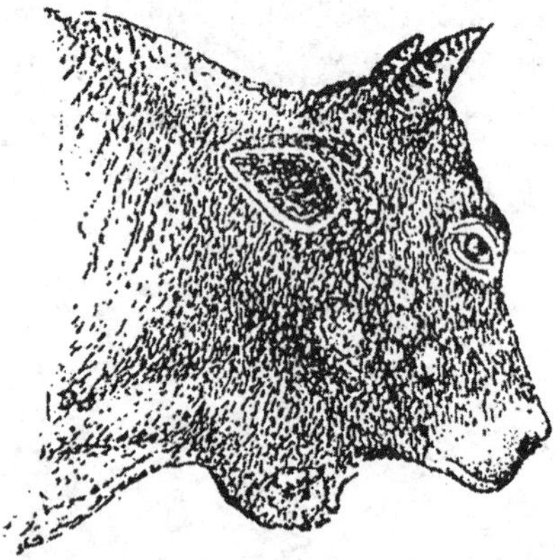

图5－10　放线菌病：面部和下颌骨的放线菌肿，后者已破溃

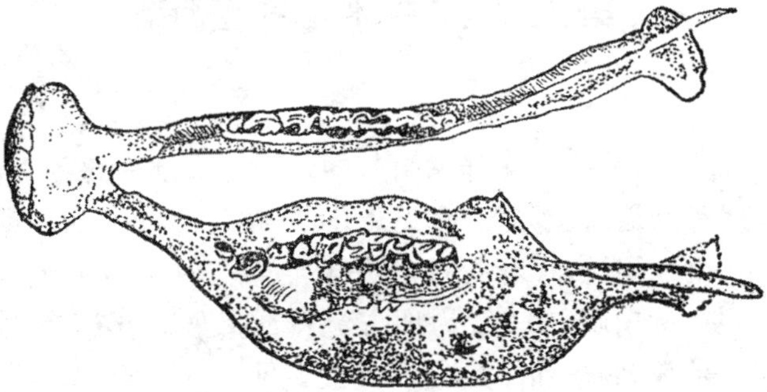

图 5－11　牛下颌骨放线菌肿

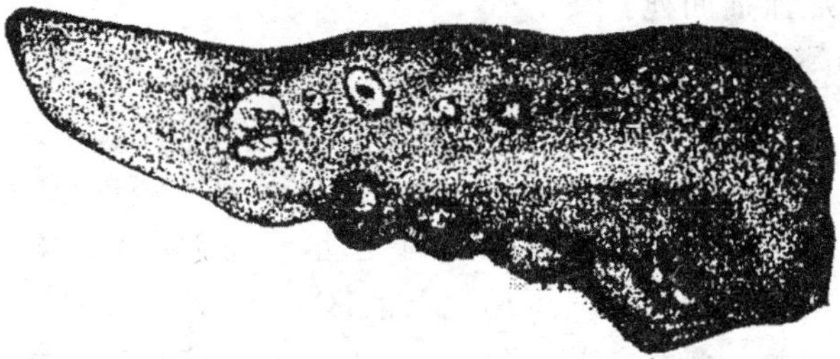

图 5－12　木舌症:舌部的蘑菇状生长物

第五节　牛坏死杆菌病

坏死杆菌病是由坏死杆菌引起的各种家畜都易感的一种慢性传染病，其特点是组织坏死，多见于皮肤、皮下组织及消化道黏膜，并可能在内脏形成转移坏死灶。成年牛多表现为腐蹄病，犊牛为坏死性口炎（犊白喉），一般为地方流行或散发。我区东部（如锡盟）腐蹄病是常见病，而干燥的西部很少见。

临床症状：

潜伏期一般为1～3天，牛、羊发病后，初跛行，病肢不敢负重，喜卧地，严重的出现全身症状。在蹄冠、趾门、蹄缘出现蜂窝组织炎时常形成脓肿、脓漏和皮肤坏死。坏死可蔓延到滑液囊、腱、韧带、关节及骨骼，以致蹄匣或趾端脱落，卧地不起，全身症状严重，继发脓毒败血症而死亡。

防治：

本病无特效的预防方法，最重要的是采取严格的卫生管理制度，避免皮肤、黏膜受损，经常保持畜舍及周围环境的清洁、干燥，及时清除粪便、污水，发现外伤及时处理。当发现有病畜时，迅速隔离治疗，对污染的场舍、用具进行消毒，牛可通过10%～30%硫酸铜脚（蹄）浴池预防。病愈家畜经21天方后可混群饲养。

腐蹄病治疗：首先彻底清除患部坏死组织，用0.1%高锰酸钾或3%来苏溶液冲洗，或用6%福尔马林、10%硫酸铜泡洗蹄部，在坏死处填塞硫酸铜或高锰酸钾粉，或用硝酸银棒腐蚀坏死组织。

治疗口腔：小心除去口腔内伪膜，用卢戈氏液、碘甘油、10%氯霉素酒精溶液、0.3%过氧化氢溶液、0.3%高锰酸钾溶液，每天涂布一次。

生殖器官患病时，用0.1%～0.2%高锰酸钾或过氧化氢溶液冲洗阴道。

为了防止栓塞性支气管肺炎或继发败血症而死亡，应用全身疗法，注射抗生素（青霉素、金霉素、土霉素、磺胺类）及其他对症治疗。

第六节　牛气肿疽病（黑腿病）

病原：

本病为气肿疽梭菌引发，G+，为两端钝圆的粗大杆菌，无荚膜，周身有边毛，能运动，能形成芽孢，为严格厌氧菌。本菌对外界不利因素和消毒药抵抗力不强，但形成芽孢后抵抗力很强，在自然界能存活多年，而且有传染性。在土壤中存活5年以上。

临床症状：

潜伏期3～5天，局部炎性肿胀明显，患牛体温升高到41℃～42℃，特征性肿胀多发生于肌肉部位，如后腿或前腿肌肉丰满处。肿胀初热而痛，后中央变冷无痛，局部皮肤干硬，呈暗红色或黑色，故又称黑腿病。有时形成坏疽，触诊有捻发音，切开流出污臭的泡沫液体，局部淋巴结肿大，呼吸困难，反刍减弱或停止，病程一般1～3天死亡。发生在腿部则跛行，发生在口腔或喉部和腮则肿胀，在舌部则舌肿大，伸出口外有捻发音。

流行病学：

传染源为病畜，主要传播媒介为被污染的土壤，也可通过消化道进入体内。由口腔和咽喉部黏膜创伤处侵入组织，由松弛或受伤的胃黏膜侵入血流。

诊断：

细菌学诊断：采病（肿胀部肌肉，水肿液）死牛肝脏表面涂片染色后镜检，可见单在的或两个连在一起有芽孢、无荚膜的气肿疽梭菌。

动物接种试验：将病料作成1∶10乳剂接种于豚鼠，24～48小时后注射部位肿胀，豚鼠很快死亡，检查病变并镜检或培养细菌、分离鉴定。

本病易与恶性水肿、炭疽、巴氏杆菌病混淆，注意鉴别。

预防：

改善饲养环境、防止疫病传播、病尸焚烧掩埋、污染厩舍彻底消毒。

在近3年内发生本病的牛群或地区，要坚持预防注射，牛皮下注射气肿疽甲醛苗5毫升/只，羊1毫升/只，免疫期6个月。

我场犊牛群曾发生因腿部肿胀急性死亡2例，经化验室确诊为“黑腿病”。除对群体犊牛消毒，牛舍用石灰乳消毒外，将舍内彻底换土一尺深，控制了发病与传播。

本病发病急，死亡快，来不及诊治，重在预防。

治疗：

抗菌治疗：在发病初期使用大剂量青霉素（400万～800万单位）、四环素、磺胺类药治疗，每天两次。有报道卡那霉素效果较好。

早期静脉注射抗气肿疽血清150～200毫升，必要时隔12小时再注一次,有良好效果。

对症治疗:强心、解毒,可选用樟脑酒精葡萄糖注射液,200 ~ 300 毫升,5% 葡萄糖生理盐水 2000 ~ 3000 毫升,5% 碳酸氢钠注射液 500 ~ 800 毫升,静输。

手术疗法:针对气肿疽梭菌厌氧的特点,可将肿胀部切开,除去坏死组织,用 2% 高锰酸钾溶液或 3% 双氧水充分冲洗。早期病例可不切开,用 0.25% ~ 0.5% 普鲁卡因溶液 10 ~ 20 毫升,溶解青霉素 100 万 ~ 400 万单位,于肿胀周围分点注射。

中药疗法:选清热、凉血、解毒的中药。

处方:当归 50 克、赤芍 50 克、连翘 50 克、双花 100 克、甘草 15 克、蒲公英 200 克,共为末,开水冲调,候温灌服。

据贵州报道:红牛克滕 250 克、红刺老包 2500 克、七寸高 94 克、捣烂加酒 200 毫升,淘米水适量灌服,肿胀部用母猪藤 1.5 千克捣烂包敷患处。

奶牛乳房气性坏疽的治疗:它的主要症状是某一区皮肤散在出现紫红(黑)色斑,皮温不正,乳头中可以挤出带气泡的血乳或腥臭液体,乳房发生气肿,由后向前漫延至全身气肿,阴道内也流出绛色污秽液体,体温 40℃ ~42.5℃,致死率 100%。

治疗:对氟哌酸(诺氟沙星)、奥复星高度敏感。一旦发现病牛,以 3% 双氧水,每乳区注入 200 毫升,氟哌酸乳区 1.2 克,通过乳头管注入。以糖盐水、环丙沙星、可得松、维生素 C、止血敏、复方氨基酸、小苏打等对症治疗。

第七节　肉毒梭菌中毒

由肉毒梭菌产生毒素引起的一种急性致死性疾病，其特征为运动神经和丘脑麻痹，最常见于咀嚼和吞咽器官的麻痹。

病原：

本菌为严格厌氧菌，它在人工培养基上、饲料、水果、饲草及肉类中均可产生毒力很强的毒素（1毫升纯毒约含一万个人的致死量），对高温抵抗力很强，加温到100℃，30分钟才可破坏，芽孢的抵抗力更强，可耐受煮沸6小时。饲料的pH值为3.0～4.0时能抑制其发育。

毒素有A、B、C、D、E、F、6种。

诊断：

本病多于奶牛采食劣质、腐败的青贮和被雨淋而发生腐烂的饲草料后突然发生，呈现明显的吞咽麻痹，但体温、意识、反射均正常，病死率高。

确诊须将发病前喂牛的饲料，病畜血液或死牛的胃肠内容物，肝、脾、脑病料作细菌学诊断，检查毒素。

在诊断时注意与霉玉米中毒，有毒植物中毒，衰竭病，传染性脑脊髓炎，狂犬病，等鉴别。

防制：

日常加强对奶牛的饲养管理，防止草料腐败，特别在制作青贮玉米时要注意压实，防止腐败霉烂，已腐败的青贮料、干草、青草、谷实类不应喂牛；注意补充足够的食盐、钙、磷、微量元素，避免牛发生异食癖而舔食污水、尸骨等。

发生本病时，禁止解剖，将尸体消毒深埋，以防其他动物食用尸肉而发病。

此病没有传染性，只能通过食用含毒素饲料而中毒。

在发病季节，常发地区可用同类型毒素或明矾菌苗进行免疫接种。

治疗：

在发病早期用抗毒素进行治疗，效果较好。最好用同型抗毒素，如毒型未定可用多价抗毒素进行治疗。

药物治疗可用5%碳酸氢钠；也可用0.1%高锰酸钾溶液洗胃灌肠，使毒素在碱性溶液中被破坏，在氧化剂作用下降低毒力；或服大量盐类泻剂清除胃肠道中毒素，同时给予强心补液。

第八节　破伤风

破伤风是由破伤风梭菌经伤口感染产生毒素侵害神经系统引起的一种急性创伤性传染病。以运动神经和中枢神经对外界刺激的强烈反应、全身或局部肌肉强直性痉挛为特征。

破伤风梭菌广泛存在于外界环境中，当奶牛因生产、咬伤、刺伤、钉伤皮肤发生创伤时，便侵入机体，感染发病。

症状：

潜伏期1天~2周不等。

病初头部肌肉痉挛、强直，采食、咀嚼困难，逐渐发展为反刍，嗳气停止，腹部紧缩，瘤胃鼓气。

逐渐出现全身肌肉僵硬——头颈伸直、两耳竖立、腰部硬直、四肢强直、尾硬直、关节不易弯曲、行走不便，一旦倒地很难起立。（如图 12、13）

病牛皮肤反射机能亢进，易兴奋、惊恐，痉挛加剧，牛患破伤风后，兴奋性增高不明显，病死率较低。

预防：

1. 避免发生创伤，一旦有伤口及时消毒处理，不使破伤风梭菌进入体内繁殖。

2. 用破伤风类毒素定期预防注射，皮下肌注 1 毫升，幼畜减半，免疫后 21 日产生免疫力，免疫期为一年，第二年强化免疫一次，免疫期达 4 年。

治疗：

1. 合理处理伤口，清除伤口脓汁、异物等。

用过氧化氢（3%）、高锰酸钾（0.1%）溶液进行清洗，本菌是严格厌氧菌，伤口应开放处理，并用氧化剂消毒。然后用碘酊或碘伏涂擦消毒。

可采用青霉素在伤口分点注射，大剂量肌注或静注。本菌对青霉素敏感。

2. 紧急接种破伤风类毒素、抗毒素。

3. 中和毒素。用破伤风抗毒素进行治疗，肌肉、静脉注射均可。成年牛 1 次 60 万 ~100 万单位、犊牛 20 万 ~60 万单位。

4. 镇静解痉：肌注或静注硫酸镁注射液、肌注氯丙嗪、用水合氯醛淀粉浆灌肠等。

5. 加强护理，防止跌伤；加强营养，给牛喂食青绿饲草料和清洁饮水。不能进食时可静注葡萄糖 5% ~25% 溶液加维生素、复合氨基酸、强心等药物，以维持机体的正常机能。

图 5－13　破伤风刺激后瞬膜明显露出

图 5－14　破伤风后病牛全身肌肉强直，四肢呈木马状

图 5－15　破伤风病牛角弓反张

第九节　牛出血性败血症

病原：

多杀性巴氏杆菌，革兰氏染色阴性。

本菌为需氧和厌氧兼性菌，对一般消毒药抵抗不强，1% 石灰水、1% 漂白粉、5% 石灰乳作用 1 分钟即可杀死，在自然干燥环境下很快死亡。在冬季，尸体内的病菌能生存 2 ~4 个月，土壤中能生存 5 个月。

流行病学：

病畜、禽的排泄物、分泌物为传染源，主要通过消化道、呼吸道、吸血昆虫和损伤皮肤黏膜而感染。一般无明显季节性特征，呈散发或地方流行。

一切不利因素，如长途运输、气候骤变、饲料条件差、营养缺乏、过度疲劳、过度利用等都可成为诱因。

临床症状：

潜伏期1~6天，临床经过分为最急性、急性型和慢性型三种。

最急性：突然发病，体温升高到41℃~42℃，有最急性胃肠炎，呼吸器官症状，败血病象，经6~12小时死亡。

急性型：

1. 水肿型：体温升高，头、颈、咽喉部皮下组织炎性水肿，四肢浮肿，舌肿胀，结膜炎，流泪，呼吸困难，经24小时死亡。

2. 胸型：呼吸困难，出现急性纤维素性胸膜肺炎，呈剧痛性干咳，病程3天或3天以上。

3. 肠型：主要见于1~2岁犊牛，主要症状有下痢、排出绿色恶臭的稀便、黏膜苍白，病程1~28天。

慢性型：由急性转化而成，病牛食欲减退、呼吸困难、咳嗽、病程长达数年。

病理变化：

内脏器官充血，黏膜、肺、舌、皮下组织、肌肉有出血点。

实验室检查：

1. 涂片检查：采病料涂片固定染色，镜检。

2. 病料培养鉴定，分离培养鉴定。

3. 动物接种试验，如用多杀性巴氏杆菌接种动物，常在24小时内死亡。

防治：

1. 加强饲养管理，加强机体的抗病力，消除可能被污染的饲草料来源。

2. 新引进奶牛要隔离观察一个月。

3. 每年春、秋两季用氢氧化铝甲醛菌苗进行免疫接种，免疫期6个月。

发现病牛后应迅速隔离消毒，同栏牛用抗毒血清紧急预防，观察1周后无新病例发生，可注射菌苗预防，并消毒环境、工具等。

4. 磺胺疗法：磺胺嘧啶钠和磺胺二甲基嘧啶对本病有较好疗效。10%磺胺嘧啶钠注射液，成年牛每次肌注或静注160～200毫升，每日2～4次，连用3～4日。

抗生素疗法：盐酸土霉素用量为30～40毫克/千克体重，用5%葡萄糖盐水稀释后肌肉注射，每日1～2次。

青霉素、头孢类、链霉素、四环素等抗生素有一定疗效。

第十节　牛海绵状脑病(疯牛病)

牛海绵状脑病，俗称疯牛病。1985年英国首次公开承认发现此病，其特征是在中枢神经系统出现两侧对称的神经组织空泡化，造成神经组织片中见到海绵状变化，故称海绵状脑病。

病原：

其来源于绵羊痒病，目前比较肯定地认为该病是由一种“蛋白传染因子”引起的。

目前本病病原被公认为是蛋白朊又称朊病毒(prion virus)，其成分是蛋白质，又称为痒病相关纤维，无核酸成份，由分子量33～35K、26～29K、27～30K的三种成分组成，与引起绵羊痒病的病原是一致的。

流行病学

目前已知可感染多种动物，以3～5岁奶牛多见。主要是因食入病畜的下脚料、骨肉粉等而感染，可垂直传给下一代。

诊断：

本病潜伏期长，发病后呈进行性消瘦、共济失调、感觉敏感，以死亡为转归。该病的确诊，可以取脑组织进行病理学、组织学、检查，如见到星状细胞肥大、神经细胞空泡化即可作出诊断。临诊病例的确诊可用电子显微镜技术、生物化学或免疫组织化学检测痒病样纤维。

防制：

应禁止奶牛食用有海绵状脑病的国家和地区的反刍动物来源的蛋白质饲料。禁止从发生过本病的地区引入牛及其产品。加强口岸检查。杜绝病牛进入我国。

目前我区已定期随机抽查各地牛脑的变化，以发现并防止牛海绵状脑病的传入、发生。

这种朊病毒（感染性蛋白因子）不能刺激机体产生炎症反应和免疫反应（免疫原性），常用消毒药及紫外线消毒无效，130℃高温处理30分钟才能杀灭。

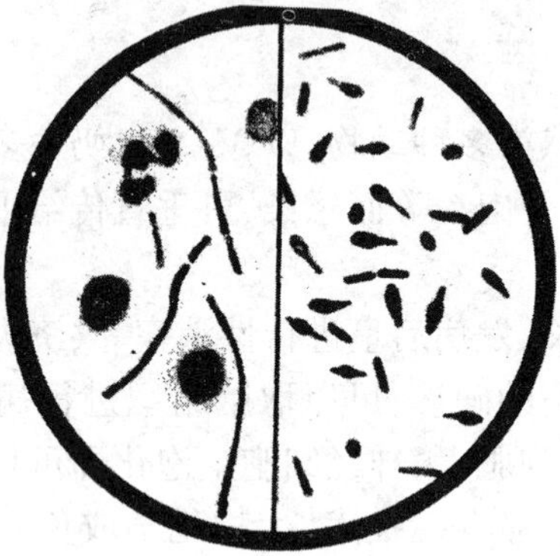

图 5－16　腐败梭菌

（左：肝触片，姬姆萨染色　右：纯培养，芽孢染色）

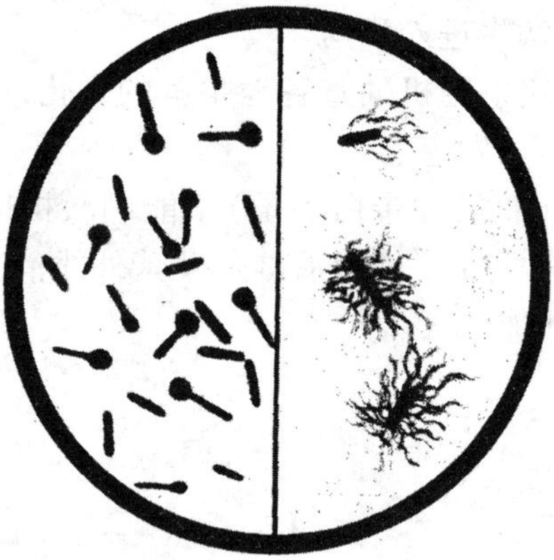

图 5－17　破伤风梭菌

（左：纯培养，芽孢染色　右：幼龄培养，鞭毛染色）

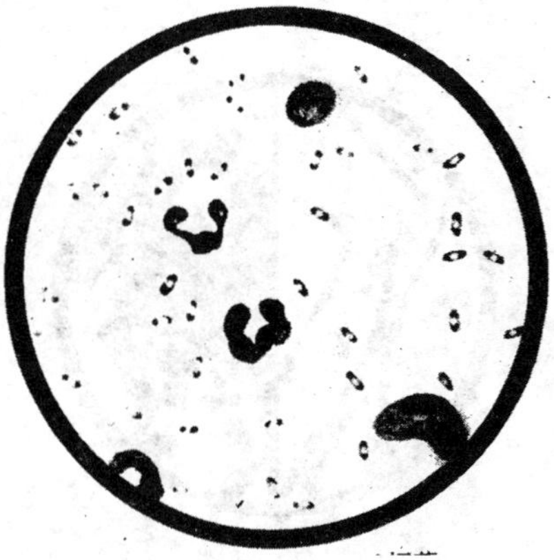

图 5－18　**牛多杀性巴氏杆菌**
（血涂片，美蓝染色）

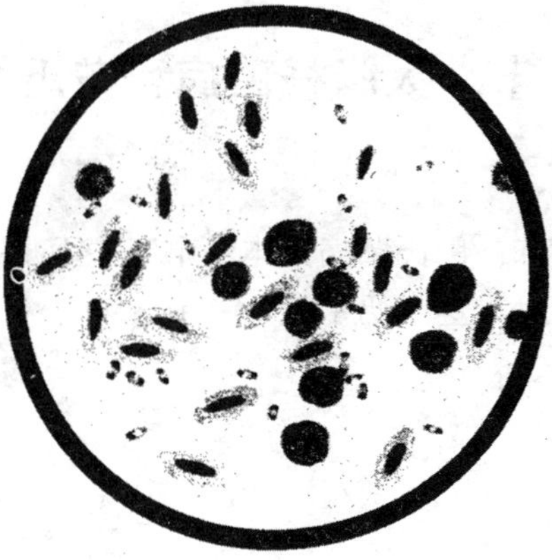

图 5－19　**禽多杀性巴氏杆菌**
（血涂片，瑞氏染色）

图 5－20　炭疽杆菌

（左：纯培养，芽孢染色　右：脾触片，姬姆萨染色）

第十一节　大肠杆菌病和布氏杆菌病

大肠杆菌病和沙门氏菌病见本丛书犊牛下痢一节。
布氏杆菌病见本丛书奶牛流产一节。

第六章　奶牛寄生虫病

第一节　吸虫病

牛吸虫病是由扁形动物门吸虫纲的寄生虫感染牛体所引起的。主要寄生于牛的肝、胰、瘤胃、血液和小肠中，其他部位少见。

一、肝片吸虫病

肝片吸虫，其成虫寄生于牛、羊等反刍动物的肝脏、胆管中。中间宿主有20余种淡水螺蛳，主要为土窝螺和斯氏萝卜螺。在胆管中的成虫排卵，到适宜环境孵出毛蚴，进入水中，进入中间宿主体内，经无性繁殖发育为胞蚴、母雷蚴、子雷蚴和尾蚴。尾蚴自螺体逸出附着在水生植物上形成囊蚴。囊蚴对终末宿主具有感染性。牛在吃草、饮水时吞食囊蚴而被感染。

主要症状是发生急性肝炎、腹腔炎和出血。

牛一般为慢性经过，犊牛症状明显，营养欠佳，可引起死亡；病畜渐进性消瘦，出现前胃迟缓、下痢、贫血、水肿；母牛不孕或流产，奶牛乳质下降，泌乳量减少，如不及时治疗，终因恶病质死亡。

治疗：

驱虫药物有：

硝氯酚，粉剂：剂量为 3 ~4 毫克/千克体重，一次口服；针剂为 0.5 ~1.0 毫克/千克体重，深部肌肉注射。

丙硫咪唑：剂量为 20 ~30 毫克/千克体重，一次口服。

三氯苯唑（肝蛭净）：剂量为 10 ~12 毫克/千克体重，对童虫和成虫均有杀灭作用。

氯氰碘柳胺钠片：一次内服，牛 5 毫克/千克体重。

溴酸磷（商品名为蛭得净）：牛口服 12 毫克/千克体重，妊娠牛应减量 10%，产前 2 周不能给药。

二、日本血吸虫病

本病是由日本血吸虫引起的人和多种动物感染共患的寄生虫病。它的终末宿主是人和哺乳动物，中间宿主为钉螺，成虫寄生于终末宿主门静脉或肠系膜静脉中，引起宿主出现发热，消瘦，腹泻和黏稠血便等症状，使动物机体衰弱，生产性能下降；体温升高，黏膜苍白，常衰竭而死。

防制：

我国已控制此病流行，主要采取治疗患畜，消灭钉螺，加强粪便管理，保护水源清洁卫生等综合防治措施。

治疗：

硝硫氰胺（7505）：剂量 4 毫克/千克体重，以 2% 水悬液静脉注射（耳静脉或鼻静脉注射）。

吡喹酮：60 ~80 毫克/千克体重，分两次内服。

六氯对二甲苯（血防 846）：剂量为 700 毫克/千克体重，分 7 天，7 次内服。

酒石酸锑钾：6 ~8 毫克/千克体重，配成 3% 水剂静脉注射，分

3天6次注完。

在该病流行区，牛要饮用井水或自来水。

禁止在池塘、沼泽、湖水、沟渠内饮牛。

三、双腔吸虫病

双腔吸虫病是由双腔科双腔属的矛行双腔吸虫和中华双腔吸虫寄生于牛、羊等反刍动物的肝脏、胆管和胆囊内引起的疾病。可引起牛胆管卡他性炎症和胆管壁增生、肥厚，肝肿大，肝被膜肥厚。严重感染的患畜可见到黏膜黄疸，逐渐消瘦，颌下和胸下水肿，下痢，最后恶病质而死。

治疗：

丙硫咪唑：10～15毫克/千克体重，配成5%混悬液径口灌服。

吡喹酮：35～45毫克/千克体重，油剂腹腔注射。

三氯苯丙酰嗪（海涛林）：30～60毫克/千克体重，口服。

六氯对二甲苯（血防846）：200～300毫克/千克体重，口服。

连用两次，驱虫率达100%。

每年秋末冬初驱虫，以防虫卵污染草场，在同一牧地上所有患畜同时驱虫，坚持2～3年，可净化草场，同时要灭螺灭蚁，加强饲养管理。

四、阔盘吸虫病

阔盘吸虫病是由双腔科阔盘属的胰阔盘吸虫、腔阔盘吸虫和枝睾阔盘吸虫寄生于牛、羊等反刍动物的胰脏、胰管中引起胰管慢性增生性炎症。病畜胰管增厚，管腔狭小，甚至完全闭塞，导致病牛胰功能异常，引起消化不良、消瘦、营养不良、毛干易脱、贫血，颌下胸前出现水肿，下痢，粪便中有黏液，严重时可致死。

阔盘吸虫发育需要两个中间宿主，第一宿主为陆地蜗牛，第二中间宿主为草螽或针蟀。它们共需10～16个月才能从卵孵化为成虫。

防治：

一般不易检出虫卵，剖解后才可发现虫体。

吡喹酮油剂：腹腔注射，35～45 毫克/千克体重。

六氯对二甲苯（血防 846）：300 毫克/千克体重，口服，隔日一次，3 次为一疗程。

五、前后盘吸虫病

前后盘吸虫病是由前后盘科各属的多种前后盘吸虫引起的疾病。成虫寄生于牛、羊等反刍动物的瘤胃和胆管壁上，幼虫移行寄生于真胃、小肠、胆管、胆囊时可引起严重患病。

防治：

根据粪中检出的虫卵、童虫可确诊，防治同肝片吸虫。

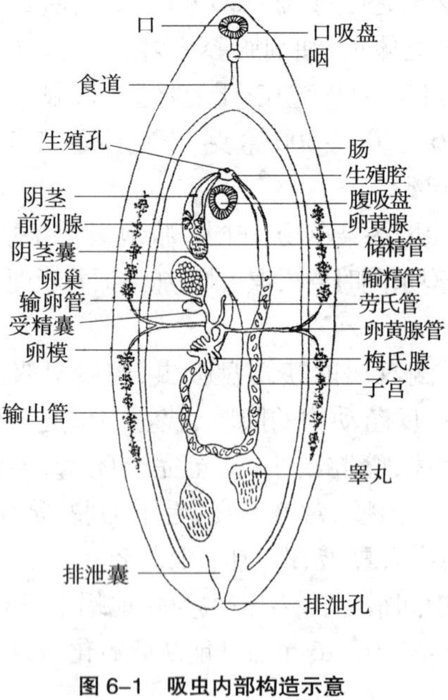

图 6-1　吸虫内部构造示意

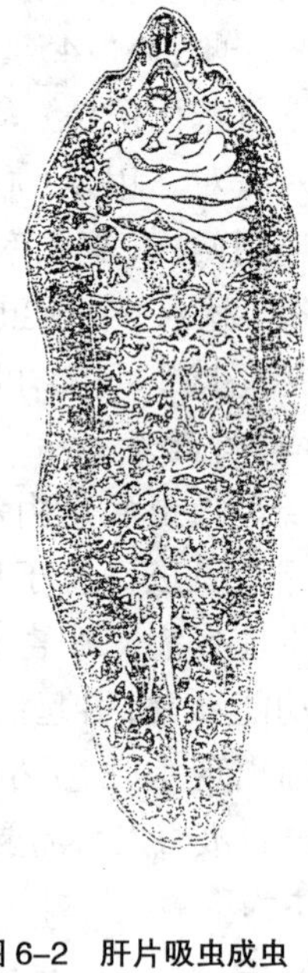

图 6-2　肝片吸虫成虫

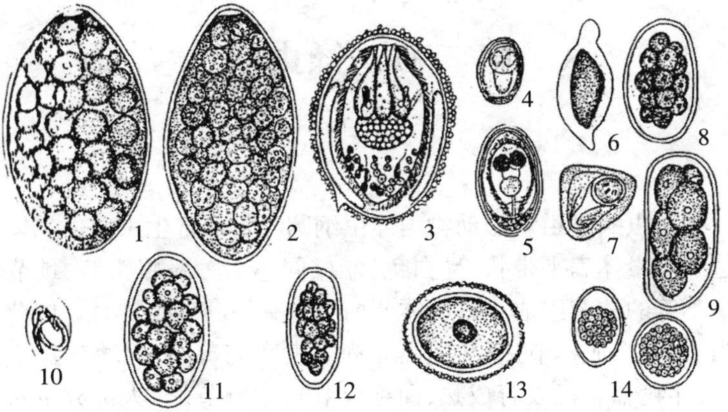

图6－3　牛体内的寄生虫卵

1. 大片吸虫卵　2. 前后盘吸虫卵　3. 日本分体吸虫卵
4 双腔吸虫卵　5. 胰阔盘吸虫卵　6. 鸟毕吸虫卵
7. 莫尼茨绦虫卵　8. 食道口线虫卵　9. 仰口线虫卵
10. 吸吮线虫卵　11. 指形长刺线虫卵　12. 古柏线虫卵
13. 犊新蛔虫卵　14. 牛艾美耳属球虫卵囊

第二节 绦虫病

牛绦虫病是由扁形动物门绦虫纲圆叶目的寄生虫感染牛体所引起的。虫体扁平带状，呈白色，雌雄同体。一般由头节、颈节和数量不等的体节组成。每一体节内至少有一套生殖器官。体节可分为三类：未成熟节片（生殖器官尚未发育完善，又称幼节）、成熟节片（生殖器官已发育成熟，简称成节）、孕卵节片（大部分生殖器官已退化，仅留子宫，内充满虫卵，简称孕节）。成虫一般寄生于宿主消化道内，生活史中需要中间宿主的参与（图6－4）。

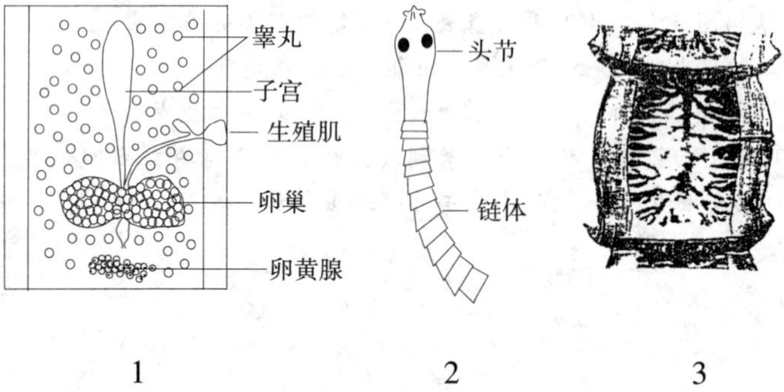

图6－4 绦虫构造示意图

1. 生殖器官　2. 头节与链体　3. 孕节

一、牛小肠绦虫病

牛小肠绦虫病是由裸头科的莫尼茨属(Moniezia)、曲子宫属(Helictometra)及无卵黄腺属(Avitellina)的各种绦虫寄生在牛的小肠中引起的疾病。各属绦虫仅在病原体的形态上有差异,其他大致相同。

病原体:

扩展莫尼茨绦虫(M. expansa)和贝氏莫尼茨绦虫(M. benedeni)外观上不易区别,头节小,近似球形,上有 4 个吸盘,无顶突和小钩。体节宽而短,成节内有两套生殖器官,生殖孔开口于节片的两侧,故虫体外观边缘整齐。卵巢和卵黄腺在体两侧构成花环状。睾丸数百个,分布于整个体节内。子宫呈网状。两种虫体的主要区别是虫体各节片的后缘横列的节间腺的构造不同:扩展莫尼茨绦虫为一列小圆囊状物,沿节片后缘分布;贝氏莫尼茨绦虫的呈带状,位于节片后缘的中央(图 6－5)。莫尼茨绦虫卵为四角形、圆形、近三角形等,虫卵内有特殊的梨形器,器内含六钩蚴,卵的直径为 56～67 微米。

曲子宫绦虫的主要特征是体节仅有一组生殖器官,生殖孔位于节片的侧缘,左右不规则地交替排列,雄茎囊外伸,故虫体外观边缘不整。孕卵节片子宫呈波状弯曲,几乎横贯节片的全部。虫卵呈椭圆形,无梨形器。每 5～15 个虫卵被包在一个副子宫器内(图 6－6)。

无卵黄腺绦虫的主要特征是虫体窄细,节片极短,分节不明显。成节内有一套生殖器官,生殖孔左右不规则地交替排列在节片的边缘。卵巢位于生殖孔一侧。子宫在节片中央,有的种类可在链体中央看到一条白线。无卵黄腺。虫卵无梨形器,被包围在副子宫器内(图 6－7)。

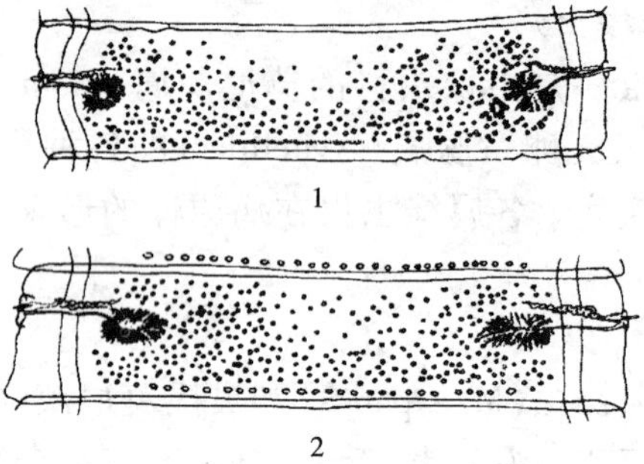

图 6-5　莫尼茨绦虫成节

1. 贝氏莫尼茨绦虫　　2. 扩展莫尼茨绦虫

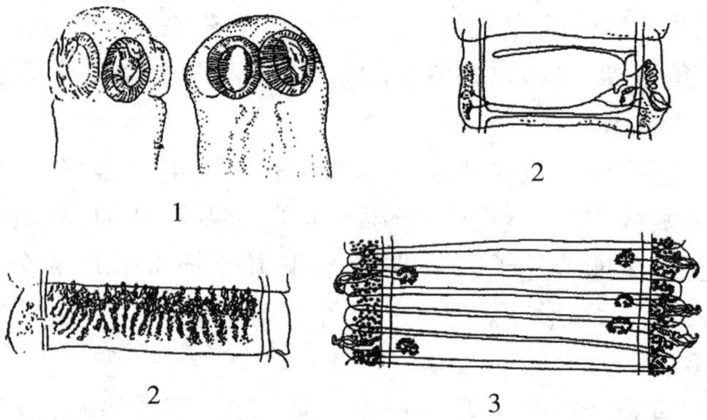

图 6-6　盖氏曲子宫绦虫的头节、孕节和成节

1. 头节　　2. 孕节　　3. 成节

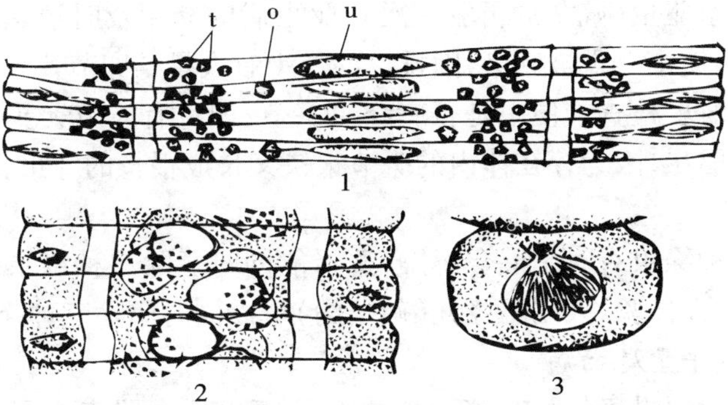

图6－7　中点无卵黄腺绦虫

1. 成节　　2. 孕节　　3. 副子宫器
t. 睾丸　　o. 卵巢　　u. 子宫

本病对犊牛危害较大,可引起肠扭转和肠破裂,也可发生营养障碍、肠炎等,虫体代谢产物引起中毒,导致发育不良,抵抗力降低,当毒素进入血液,可致血细胞减少,血红蛋白降低,出现贫血。

成年牛症状较轻或无症状,严重者见腹泻,粪中含黏液和孕卵节片,进而体况下降,衰弱,贫血,有时有神经症状,无目的运动,步态蹒跚。

防治:

常用驱虫药有:

吡喹酮:10～15毫克/千克体重。

丙硫咪唑:10～20毫克/千克体重,制成1%水悬液灌服。

硫双二氯酚:50毫克/千克体重,一次灌服。

氯硝柳胺:60～70毫克/千克体重,制成10%悬液灌服。

春季驱虫(隔2周再驱一次),驱虫后的粪便及时清除。堆积发酵,会使牛只再被感染,因排出的粪中有大量孕卵节片。

同时要检查粪便中是否有绦虫头节,如只有体节无头节则不能视为驱尽,因为存在体内的头节很快又长成很长的绦虫,所以见不到头节。

三种绦虫有时是混合感染,选择能同时驱除三种绦虫的驱虫药:据本人试验,人用驱绦丸(鹤草酚)可以同时驱除三种绦虫。

二、牛囊尾蚴病

牛囊尾蚴病是牛带绦虫的中绦期寄生于牛肌肉内引起的疾病,其成虫寄生于人的小肠中。这是人兽共患寄生虫病。随人粪排出的成虫孕卵节片,被牛吞食后破裂散出虫卵使牛感染,在消化道内卵壳破裂,六钩蚴钻入肠壁血管移行到全身肌肉,经10~12周变为牛囊尾蚴。人吃了生牛肉(含牛囊尾蚴)也可被感染。其在人的小肠内经2~3个月发育为成虫,牛带绦虫在成人体内可存在20~30年,可引起人的腹泻、腹痛、恶心等。

防治:

尚无有效治疗方法,可试用吡喹酮。预防本病要管理好人的粪便,让其不与牛群接触。改进牛的饲养管理。加强对牛肉的检疫。

牛囊尾蚴病生前诊断困难,可用酶联免疫吸附试验和间接血凝试验做出诊断。

三、棘球蚴病

棘球蚴病是细粒棘球绦虫的幼虫寄生于牛、羊或人体内而引起的疾病。

寄生于牛的有三种:无头棘球蚴,人型棘球蚴,多房型棘球蚴。

成虫寄生于犬、狼等终末宿主的小肠内。

棘球蚴寄生过程中，会压迫所寄生的脏器及周围组织，引起组织萎缩和机能障碍。寄生于肝脏则引发黄疸，消化不良，肝区压痛。寄生于肺部会出现咳嗽，喘息和呼吸困难等。蚴虫代谢产物被吸收后，使周围组织发生炎症和全身过敏反应。严重者可致死。人误食入细粒棘球蚴绦虫卵，可患严重的棘球蚴病。

诊断：

皮内变态反应（卡索尼法）：用棘球蚴囊液（纯净，不含头节）作为抗原，给牛颈部皮内注射 0.1 ~ 0.2 毫升，5 ~ 10 分钟后如出现 5 ~ 20 毫米的红斑并有肿胀，即为阳性，准确率约 70%。

间接血球凝集试验、酶联免疫吸附试验都可用。

价值大的牛可采用 X 光、超声波等法进行诊断。

剖解尸体见到虫体更是确诊依据。

防治：

预防此病主要是消灭或远离犬，必要时给狗驱虫，可用槟榔碱灌服或诱食。氯硝柳胺（灭绦灵）125 毫克/千克体重；吡喹酮 5 毫克/千克体重；氢溴酸槟榔碱 2 毫克/千克体重，驱绦。驱虫后的犬粪要彻底清除销毁，勿使其污染饲草料、水源等。

对人的棘球蚴病可手术摘除。牛可试用丙硫咪唑（90 毫克/千克体重），连服两次，吡喹酮（25 ~ 30 毫克/千克体重）也可治疗。

四、多头蚴病

多头蚴病又称脑包虫病，是成虫寄生于犬、狼、狐，蚴虫寄生于牛、羊脑内的寄生虫病。

动物感染后 1 ~ 3 周，虫体在体内、脑内移行，致病牛、羊体温升高，出现类似脑炎、脑膜炎症状，严重时可致死亡。在羊群上常见这种原因不明的症状而后消失。一般耐过后症状消失。2 ~ 7 个月后又出现症状，主要根据蚴虫在脑内寄生部位不同有不同症状。表现为转圈、直行、后退等神经症状，如寄生于脑的左侧则向右转，寄生于右侧向左转，对侧则眼常失明。如寄生于小脑，容易惊恐，行走时急促，后肢蹒跚，逐渐增剧而衰竭倒地也可出现视觉障碍，磨牙，流涎，平衡失调或痉挛，症状发作过后照常饮食，若倒地不起不食，则到严重的致死期。从我们手术和剖解结果看，多头蚴可寄生于脑的任何部位，生前手术根据行为判断多头蚴位置，准确率最多60% ~70%。如果寄生在大脑表面，可使对应局部头骨软化、突起，手术也易于取出。如在深部则难以取出。有一次手术摘除羊脑包虫到处找不到，最后伸入专用吸出器，伸到脑的腹面才找到，由于脑组织在术中受损严重，术后很快死亡。

治疗：

1. 手术摘除脑中蚴虫，根据转圈情况及头骨变化，确定术部，然后用圆锯打开颅骨，用长针头（磨平针尖）伸入颅中吸取包囊，取出时先将包囊露出部分钳住，再吸出囊液，再慢慢将整个带头节的囊取出，向脑内放入青霉素等消炎药，关闭创口。可试用吡喹酮脑内注射，或丙硫咪唑口服。

预防：

主要是在养牛环境中杜绝狗的进入或减少犬的饲养，对饲养犬一定要用槟榔定期驱虫，勿使犬食入牛、羊脑。我场为了消灭日趋严重的牛、羊脑包虫病，一次性消灭140群牛、羊的护群犬，第二年脑包发病率下降为0.1%（原来是5%）。注意在养牛环境中及时清除狗粪。

五、细颈囊尾蚴病

防治同多头蚴病。

第三节　线虫病

牛线虫病是由线性动物门线虫纲的寄生虫感染牛体所引起的。其中大多数为土源性寄生虫，分布广泛。它们可以寄生于牛的胃、肠、胰、肺、眼、食道、腹腔、皮下等部位，并引起相应疾病。此类虫体多数是雌雄异体，呈线状或圆柱状(图 6－8)。

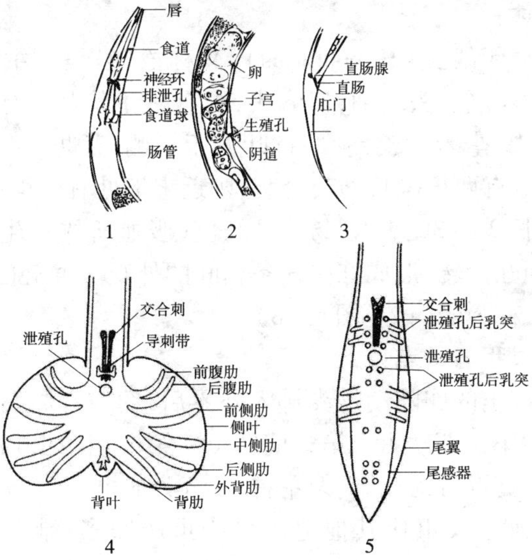

图 6－8　线虫构造模式图

1. 体前部　　2. 雌虫生殖孔　　3. 雌虫尾部

4. 雄虫尾部(有交合伞)　5. 雄虫尾部(无交合伞)

一、捻转血矛线虫病

捻转血矛线虫是毛圆科线虫的代表。寄生于牛、羊第4胃和小肠的毛圆科线虫有血矛属(Haemonchus)、长刺属(Mecistocirrus)、奥斯特属(Ostertagia)、马歇尔属(Marshallagia)、古柏属(Cooperia)、毛圆属(Trichostrongylus)、细颈属(Nematodirus)和似细颈属(Nematodirella)的许多种线虫,它们在牛体内多系混合寄生,是反刍动物胃肠道最常见的一类寄生线虫。其中以血矛属的捻转血矛线虫致病力最强,其他种属某些情况下也能引起一定病害。

病原体:

捻转血矛线虫(H. contortus),又称捻转胃虫,主要寄生于真胃。虫体淡红色,头端细,口囊小,内有一矛状刺。有颈乳突。雄虫长15~19毫米,交合伞的背叶偏于一侧,背肋呈"人"字形(倒"Y"字形);有两根等长的交合刺,刺近末端处有倒钩;导刺带为梭形。雌虫长27~30毫米,肠管呈红色(吸血所致),生殖器官呈白色,两者相互捻转,形成红白线条相间的外观。生殖孔处多数有一舌状结构,称为阴门盖(图6-8)。

感染过程与特点:

雌虫产出的卵随动物粪排入外界后,约经一周发育为感染性幼虫(卵→第1期幼虫→第2期幼虫→第3期幼虫),然后经口感染牛,到达真胃后约经20天左右,发育为成虫。

捻转血矛线虫比其他毛圆科线虫产卵多,雌虫每天可产卵5000~10000个。卵在北方地区不能越冬。感染性幼虫抵抗力比较强,并且具有向植物茎叶爬行的习性及对弱光的趋向性,在温度、湿度和光照适宜时,幼虫从粪或土壤中爬到牧草上,环境不适宜时又回到土壤中隐蔽,在一般草场上可存活三个月,不良环境中可休眠达一年。

致病作用与症状：

虫体以矛状刺刺破胃黏膜吸血，且可分泌抗凝血酶，据统计2000条虫体每天可吸血30毫升，重度感染时可导致严重贫血，虫体大量寄生可造成胃黏膜广泛损伤，发生溃疡。此外，虫体还分泌毒素，抑制宿主神经系统活动，使宿主消化吸收机能紊乱。临床上急性型表现为高度贫血，可视黏膜苍白，下颌间、下腹部及四肢水肿。下痢、便秘交替出现。

慢性型病程长，发育不良，渐进性消瘦。

防治：

丙硫咪唑5～10毫克/千克体重，口服；左咪唑6～8毫克/千克体重，口服或肌注。

伊维菌素、阿维菌素针剂注射，驱虫效果较好。另，食道口线虫（结节虫病）、仰口线虫（钩虫病）、夏伯特线虫（括口线虫）等可用上述治疗方法。毛首线虫（鞭虫病）除用上述药物还可用羟嘧啶5～10毫克/千克体重，口服，给羊驱虫效果好，严禁用注射方法给药。

二、牛新蛔虫病

牛新蛔虫病是由弓首科的牛新蛔虫寄生于初生牛犊小肠而引起的下痢为主的疾病。

诊断：

犊牛出现腹泻，排大量黏液，并具有特殊恶臭，咳嗽，消瘦，生长发育停滞等症状。犊牛出生后两周为感染多发期。

用饱和盐水漂浮法检查粪便中有无虫卵。

死后剖解在小肠中找到蛔虫虫体，在血管、肺脏找到移行期幼虫。

治疗：

左咪唑4～6毫克/千克体重、肌注，8毫克/千克体重口服；丙硫咪唑 5～20 毫克/千克体重口服。

阿维菌素 0.3 毫克/千克体重，皮下注射(针剂)或口服(片剂)。

患病犊牛于 15～30 日龄时驱虫，早期治疗效果较好。注意保持牛舍的清洁，干燥，阳光充足，每天定时清除舍内、外粪便，堆积发酵，杀死虫卵。

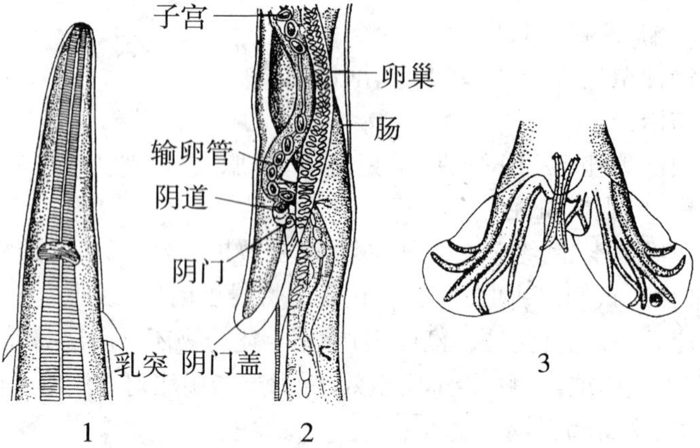

图 6－9　捻转血矛线虫

1. 头部　2. 雌虫生殖孔部　3. 雄虫交合伞

三、网尾线虫病(大型肺线虫病和小型肺线虫病)

牛网尾线虫病是由网尾科网尾属的胎生网尾线虫寄生于牛肺脏的气管、气管中引起的疾病。

感染过程：

雌虫在气管、支气管中产卵，卵随黏液咳至口腔，转入消化道，幼虫躲在大肠孵化，随粪便排出体外，经两次蜕化变为感染性（具有侵袭性）幼虫，牛经口食入感染后，幼虫钻入肠壁，随淋巴进入肠系膜淋巴结，再随淋巴循环进入心脏，顺血流进入肺脏。从感染到雌虫产卵约需 21～25 天。

致病作用：

幼虫移行时可导致肠黏膜，淋巴结，肺毛细血管损伤和小出血点。成虫寄生引起支气管，细支气管炎症，发生肺萎缩，肺气肿和广泛性肺炎，表现咳嗽（可咳出虫卵）严重时呼吸困难，体温升高，迅速消瘦，死于肺炎。

粪便检虫、虫卵、幼虫以确诊。

治疗：

氯乙酰肼 17.5 毫克/千克体重内服，15 毫克/千克体重皮下肌注，牛体重 300 千克以上总量不超过 5 克。

丙硫咪唑 5～10 毫克/千克体重内服，乙胺嗪（海群生）200 毫克/千克体重，混予饲料中喂服。

四、类圆线虫（病犊牛最易感染）

乳突类圆线虫寄生于牛小肠，可引起支气管炎，肺炎，胸膜炎，小肠出血和溃疡。也会消瘦，贫血，呕吐，腹痛，极度衰竭而死亡。

防治：

可用噻苯唑，丙硫咪唑，左咪唑等药驱虫。

五、吸吮线虫病（眼虫病）

带有感染性幼虫的蝇舔食牛眼分泌物时，感染性幼虫进入牛眼内，大约经 20 天，发育为成虫。

机械性损伤眼结膜和角膜，引起角膜炎和结膜炎。初流泪，浆液性变脓性，结膜发炎，眼睑闭合，羞明，炎症波及角膜，可使角膜混浊、增生、溃疡、失明，摇头，擦眼。

治疗：

用2% ~3%硼酸水冲洗牛眼，每日三次，每次50~75毫升，4~5天后重复一次；也可用精制敌百虫1%水溶液滴入结膜囊内，3~4毫升，隔日一次，连续数次，滴眼后，停一会儿，用清水冲洗眼内，以清除残留敌百虫或死虫。也可用机械方法去除虫体，用手轻压内眼角，用镊子提起第三眼睑取出虫体。

六、副柔线虫病

多寄生于驼、牛、羊，寄生于真胃幽门部引起急性或慢性胃肠炎。

治疗：

用甲苯咪唑（20毫克/千克体重，内服），丙硫咪唑，伊维菌素，阿维菌素等药，均有效。

七、筒线虫病

该虫寄生于牛、羊。

美丽筒线虫寄生于动物食道黏膜或黏膜下层，其致病力不强。多瘤筒线虫，寄生于牛第一胃。

治疗可用哌嗪类药物。

八、混睛虫病

混睛虫病是丝状属的马丝状线虫的童虫偶然寄生于眼睛内引起的疾病。

治疗：

用角膜穿刺术取出虫体。

第四节　节肢动物寄生虫病

节肢动物寄生虫病是由蜱、螨等寄生于牛体表而引起的一种外寄生虫病。下面重点介绍常见的硬蜱和螨病。

一、硬蜱

硬蜱是寄生于各种家畜体表的外寄生虫。

在春季检查牛体皮肤时会发现蜱的存在。虫形及结构见图6－10。

蜱的致病性一是本身吸血，二是带许多细菌，病毒，立克次氏体，支原体，衣原体，原虫等致宿主染病。

防治：

1. 人工捕捉。从畜体上摘除虫体，销毁。

2. 寄生量大时可用药物驱除，如溴氰菊酯（剂量为25～50毫克/千克体重），有机磷杀虫剂等可根据杀虫季节不同、对象不同，选用喷涂、药浴等。

3. 消灭圈舍中的蜱，用水泥、石灰、泥土拌上药物堵塞圈舍内墙壁缝隙、孔洞，定期用药物，如敌百虫等喷洒圈舍以杀虫。

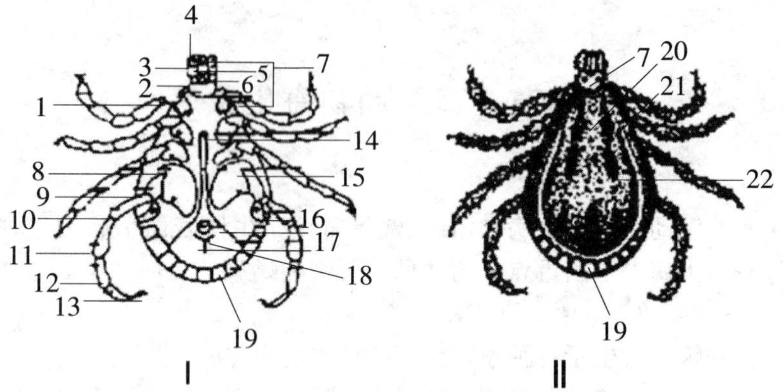

图 6－10　革蜱的外部构造(雄性)

Ⅰ. 腹面观　Ⅱ. 背面观

1. 假头基　2. 须肢第二节　3. 须肢第三节　4. 口下板　5. 须肢第四节　6. 须肢第一节　7. 假头　8. 基节　9. 转节　10. 股节　11. 胫节　12. 前跗节　13. 跗节　14. 生殖孔　15. 生殖沟　16. 气门板　17. 肛门　18. 肛沟　19. 缘垛　20. 颈沟　21. 眼　22. 侧沟

感染过程与特点:

硬蜱是不完全变态的节肢动物,其发育过程包括卵、幼虫、若虫、成虫四个阶段。后三个阶段活跃期都要在宿主体上吸血,发育过程中都要经过蜕皮。有的需要更换宿主,根据更换宿主的次数,将硬蜱分成三种类型:一宿主蜱(不更换宿主,幼虫、若虫、成虫在一个宿主体上发育);二宿主蜱(幼虫、若虫在一个宿主体上发育,成虫在另一个宿主体上发育);三宿主蜱(幼虫、若虫、成虫分别在三个宿主体上发育)。雌雄交配后,雌蜱落地产卵,产卵量可达千余到上万个。经一段时间,卵中孵出幼虫,爬到宿主体表吸血,之后根据所需更换宿主次数的不同,渐发育为若虫、成虫。

致病作用与症状:

硬蜱吸食宿主大量血液,寄生数量大时可引起宿主贫血、消瘦、发育不良、皮毛质量降低以及产乳量下降等。由于蜱的叮咬可使宿主皮肤产生水肿、出血;蜱的唾液腺能分泌毒素,使家畜产生厌食、体重减轻和代谢障碍;某些种的雄蜱唾液中含有一种神经毒素,能引起急性肌萎缩性肌麻痹。

二、螨病

螨病俗称疥癣病,是由疥螨或痒螨寄生于牛皮肤上引起的皮肤病。

螨的全部发育过程都在宿主体上渡过。

疥螨主要寄生于宿主皮肤的表层,在其内挖隧道,进行发育和繁殖,以宿主的皮肤渗出液为食。痒螨一般不在皮内挖洞,只在表皮采食,对皮肤损害较小。

螨病主要发生于冬季或秋末。

本病是高度接触性传播的皮肤病,引起皮肤剧痒,龟裂,形成硬痂。痒觉造成牛烦躁不安,严重影响采食和休息,脱毛后皮肤裸露,体温散失,使病畜日渐消瘦,严重时会发生死亡。尤其是以产毛为主的驼、羊,可造成大量经济损失。

对本病确诊困难不大,但也要在患畜皮肤上刮制玻片,在显微镜下找到虫体方可确诊,不然会与其他致痒脱毛病混淆。

治疗:

口服或注射伊维菌素或阿维菌素 200 微克/千克体重,隔 7 ~ 10 日重复用药一次,以杀灭上次驱杀后虫卵再孵出的螨虫。

涂药：

喷洒治疗：溴氰菊酯50毫克/千克体重，间隔10天再喷洒一次，双甲脒500毫克/千克体重，水乳液喷洒，隔10日再喷一次。

在实践工作中，用阿维菌素两次皮下注射，即可驱杀、预防螨病。在流行地区每年秋季用伊（阿）维菌素间隔7～10日注射两次，也可预防本病发生。

按期清理、消毒圈舍，加强对牛的饲养管理。特别注意皮肤清洁，在奶牛场每日应刷拭牛体，保持牛体表清洁，也有助于产乳，有助于防螨。

三、牛皮蝇蛆病

牛皮蝇蛆病是皮蝇科皮蝇属的纹皮蝇和牛皮蝇的幼虫寄生于牛的背部皮下组织引起的寄生虫病。

牛皮蝇成虫不叮咬牛，只在雌虫产卵时，可引起牛只强烈不安，牛会用跌蹴、狂跑等方法避蝇驱蝇，俗称“跳蜂”，严重影响牛采食，休息，抓膘。因为此病发生于夏秋抓膘季节，此现象在草原放牧时比较严重，在舍饲牛较轻。

幼虫初钻入皮肤，引起皮肤痛痒，精神不安。在体内移行时造成移行部位损伤。第三期幼虫在背部皮下移行时，引起局部结缔组织增生和皮下蜂窝组炎，如遇细菌感染可化脓，形成瘘管。在食道壁寄生时引起发炎、水肿。

第二年幼虫钻出皮肤，在牛皮上留下钻孔，数量多时可影响牛皮的等级、价格，造成一定损失。

幼虫在皮下生活期间给牛只带来一定影响，如贫血，消瘦，生长缓慢，产奶量下降等全身表现。

手摸牛背部，发现多处隆起疙瘩，上有小孔用力挤压，可挤出幼虫，即可确诊。

防治：

1. 用手挤出背部全部幼虫，在饲养量少、感染量也少时可行，否则不可行。

2. 在4～11月期间用敌百虫1%～2%水溶液喷洒背部，或用4%蝇毒磷溶液，8%皮蝇磷溶液，3%倍硫磷等溶液浇注牛脊柱部，使药液向背部流渗，用药量要适当不可过多。

3. 伊维菌素、阿维菌素皮下注射0.2毫克/千克体重，有良好效果。

其他还有蠕形螨病，虱病，蠕形蚤等皮肤寄生虫病。

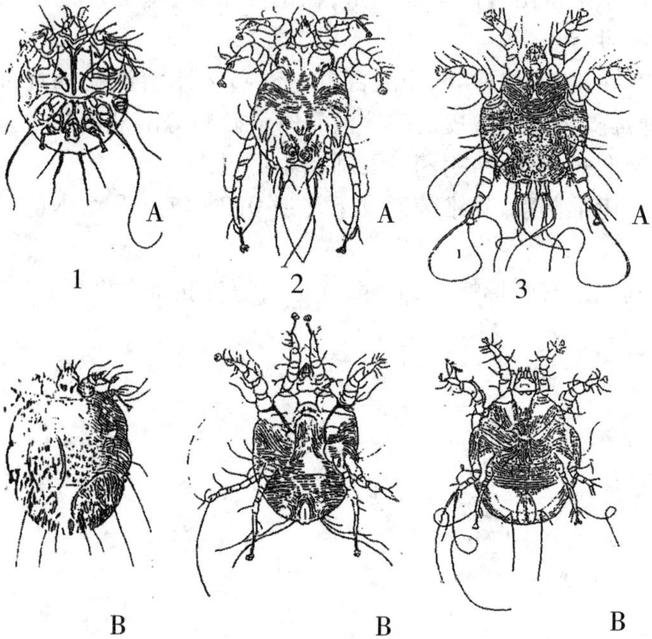

图 6-11　牛的几种螨

1. 疥螨:A. 雄虫腹面 B. 雌虫背面
2. 痒螨:A. 雄虫腹面 B. 雌虫腹面
3. 足螨:A 雄虫腹面 B. 雌虫腹面

第五节 原虫病

原虫属于单细胞真核动物,是血液寄生虫,其体积小,常寄生在血球上。

一、锥虫病

锥虫病是原生动物中锥虫属的各种原虫寄生于哺乳动物的血液、淋巴组织及泌尿生殖道中,引起病畜出现贫血、消瘦、黄疸、间歇热、心机能衰弱,马属动物外生殖器浮肿,皮肤出现银元疹及腰麻痹等症状。

流行病学:

患病家畜是主要传染源,其媒介昆虫主要是虻和厩螫蝇,只机械携带传播,在虫体内不发育。马最易感,呈急性经过;牛常耐过急性期,转为慢性成为带虫者。

伊氏锥虫寄生在动物造血器官和血液、淋巴中,以纵分裂法繁殖。

症状:

牛的伊氏锥虫病呈不规则的间歇热,反应迟钝,易跌倒,喜伏卧,结膜上可见大小不等的出血点、出血斑,被毛焦枯发黄,皮肤弹性减退、龟裂、出血。

病理变化:

可视黏膜黄染,切开水肿部位有胶样浸润,淋巴结肿大,胸、腹腔中贮留黄色浆液,心脏肥大,切面呈熟肉状,肝、脾肿大,肾有出血点。腰背脊髓的灰白质呈点状出血。

实验室检查：

1. 涂片检查：病畜耳尖采血混于两倍生理盐水中，涂片，观察有无活动的虫体。

2. 血清血检查：间接血凝试验，敏感性较高；补体结合反应，特异性强；变态反应适宜于现场大批检疫。

3. 动物接种试验：用病畜血液或脑脊髓液接种动物；解剖接种动物，检查虫体。

防治：

加强饲养管理，消灭虻、厩螫蝇等传媒。

治疗：

1. 拜耳205（苏拉明）：0.01～0.015 毫克/千克体重，每头用量3～5 克，以生理盐水制成10%溶液静脉注射，一周后再注一次。

2. 安锥赛（喹嘧胺）：5 毫克/千克体重，溶于注射水中，皮下或肌肉注射，可用于治疗和预防。

3. 贝尼尔（三氮脒、血虫净）：3.5 毫克/千克体重，以注射水配成7%水溶液，深部肌肉注射，每日一次，连用2～3 天。

4. 沙莫林（氯化氮胺菲啶盐酸盐）：1 毫克/千克体重，制成2%水溶液，深部肌肉注射，总药量不超过15 毫升，分两点注射。

二、焦虫病

常见为巴贝西梨形虫病和泰秦斯虫病。

临床症状：

表现为体温升高，贫血，黄疸，组织器官出血和水肿，特征最明显的是血尿（血红蛋白尿）体表淋巴结肿大，可视黏膜黄染，胸腹皮下组织有点状出血，腹腔有淡黄色积液，犊牛多发病，成年牛呈带虫状态。

实验室检查：

1. 用病畜血做涂片检查虫体：用少许耳尖血推成薄的血片，镜检，可见到巴贝斯虫像坐在红血球上，形状呈梨形或不规则形，单个或成双存在。

2. 蜱体检查：首先是找到对应寄生的蜱种，然后取唾液腺制成压片，姬姆萨染色镜检。

3. 血清学检查：可采用补体结合反应，琼脂扩散试验，间接红细胞凝集试验，荧光抗体试验，酶联免疫吸附试验等。

目前，用DNA探针分子生物学诊断技术检测血液，组织和蜱体内的梨形虫，特异性很高。

预防：

主要是灭蜱，防止蜱叮咬犊牛、成牛。

灭蜱措施，一方面用水泥等抹住舍内墙缝等藏蜱处。用敌百虫等消毒杀虫药定期喷洒圈舍墙壁等处。

应用贝尼尔每年春季预防性注射犊牛或成年牛。

目前已广泛采用康巴贝斯虫弱毒虫苗和分泌抗原虫苗进行预防免疫接种。

治疗：

咪唑苯脲：1～3毫克/千克体重，配成5%～10%水溶液深部肌肉注射，24小时后再注一次。

贝尼尔（三氮脒）：3.5～3.8毫克/千克体重，制成5%～7%的溶液深部肌肉注射。

还可选用黄色素、阿卡普林治疗。

牛环形泰勒焦虫也是蜱传原虫，其治疗主要用：磷酸伯安喹啉0.75～1.5毫克/千克体重，每日口服一次，连用3天。

布伯伐醌5%注射液2.5毫克/千克体重肌注，安全有效。

三氮咪(贝尼尔)7 毫克/千克体重肌注。

硫酸喹啉脲 0.6～1.0 毫克/千克体重,用 5% 水溶液皮下或肌注。

本人曾用胎盘兰和贝尼尔治愈一起牛(犊牛)巴贝西焦虫血尿病,并用贝尼尔每年预防性注射全群牛(英短角红牛群),连续三年后,再未检出巴贝斯虫,也未出现病牛。可见贝尼尔防治焦虫病是有效的。

其他弓形虫病、球虫病分别已在本丛书犊牛下痢和奶牛流产章节中叙述,请查阅。

阿维菌素、伊维菌素是驱治内外寄生虫的广谱驱虫药。

还有人阿苯达唑(丙硫咪唑),可驱治棘球蚴、华支睾吸虫、毛细线虫、蛔虫、钩虫、毛圆线虫、鞭虫、蛲虫等,属广谱驱虫药。阿苯达唑不应用于产奶牛,也不应用于妊娠前期 45 天。

甲苯达唑可驱蛔虫、钩虫、毛细线虫、鞭虫、絛虫、可试用,看效果。

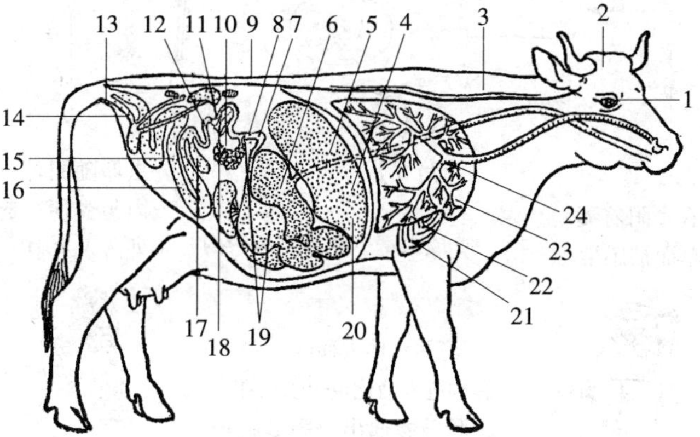

图 6－12　牛的主要寄生虫的寄生部位

1. 吸吮线虫　2. 脑包虫　3. 蟠尾线虫　4. 肝片吸虫和巨片吸虫　5. 矛形复腔吸虫　6. 前后盘吸虫　7. 莫尼茨绦虫　8. 曲子宫绦虫和无卵黄腺绦虫　9. 牛皮蝇幼虫　10. 胰阔盘吸虫　11. 仰口线虫　12. 牛新蛔虫　13. 痒螨　14. 胎儿毛滴虫　15. 夏伯特线虫　16. 食道口线虫　17. 毛首线虫　18. 日本裂体吸虫和鸟毕吸虫　19. 毛圆科线虫　20. 细颈囊尾蚴　21. 牛囊尾蚴　22. 血胞子虫　23. 棘球蚴　24. 胎生网尾线虫

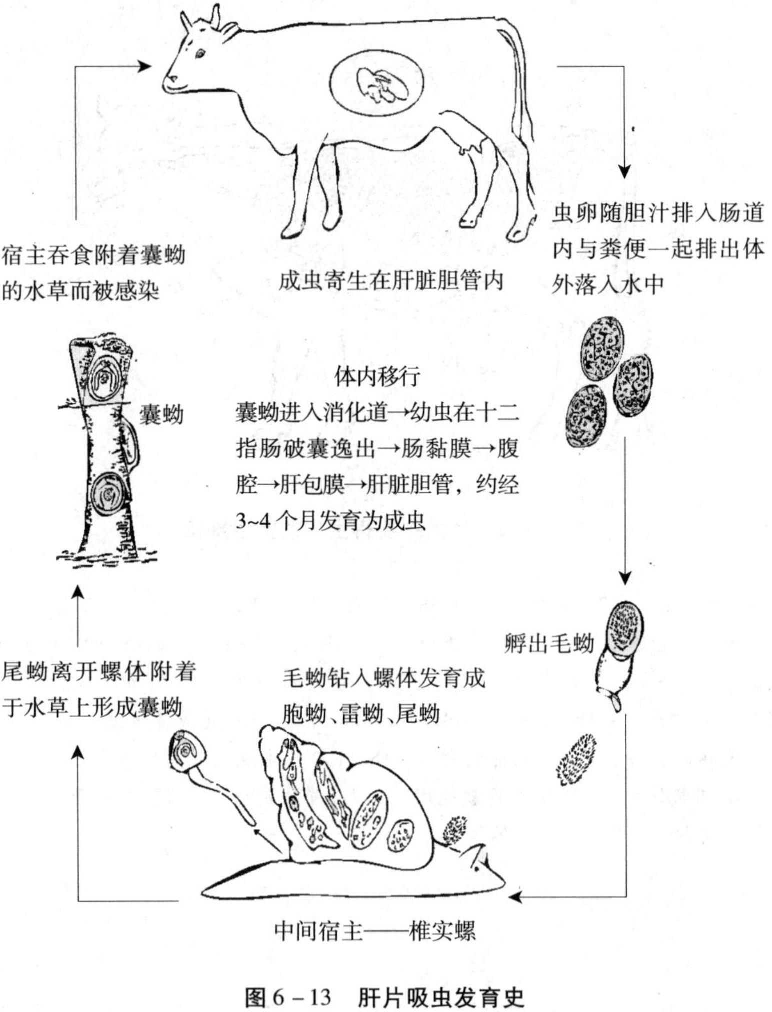

图 6－13　肝片吸虫发育史

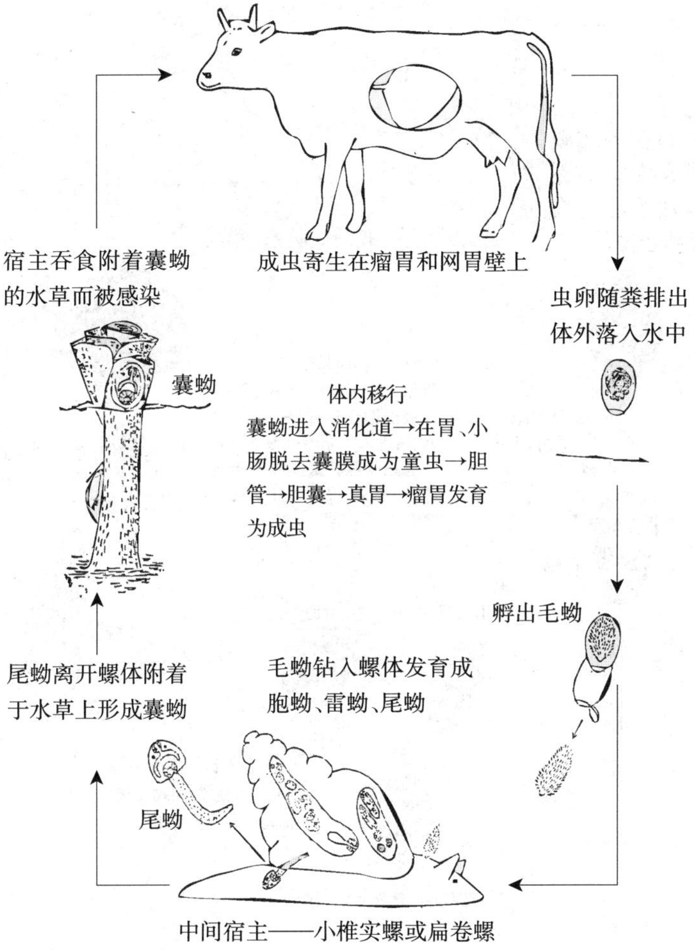

图 6 – 14　同盘吸虫发育史

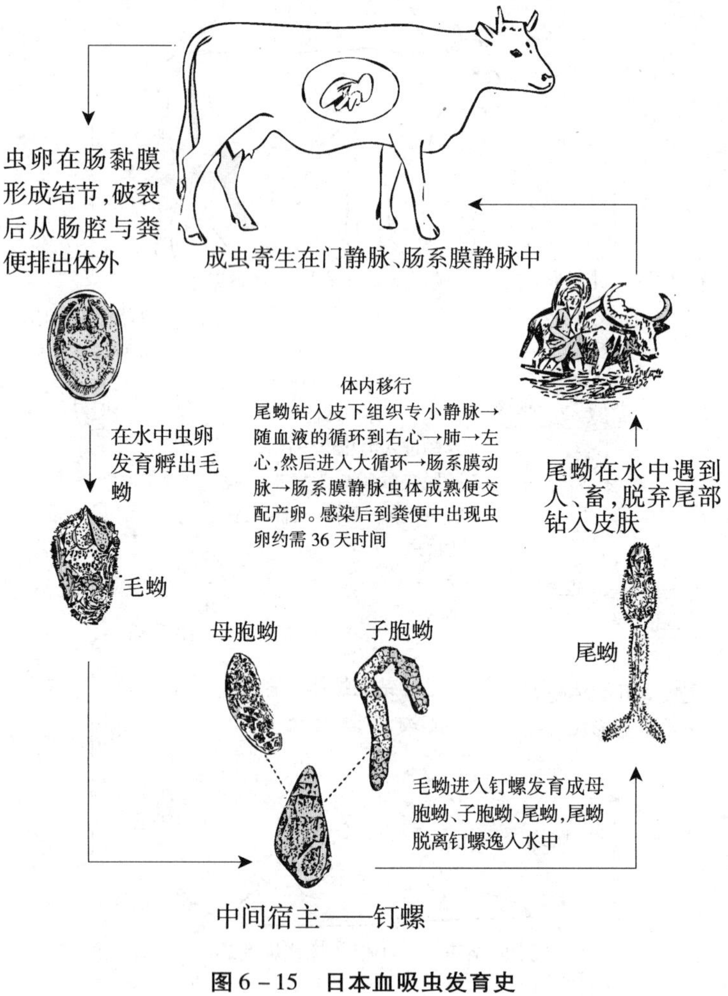

图6－15　日本血吸虫发育史

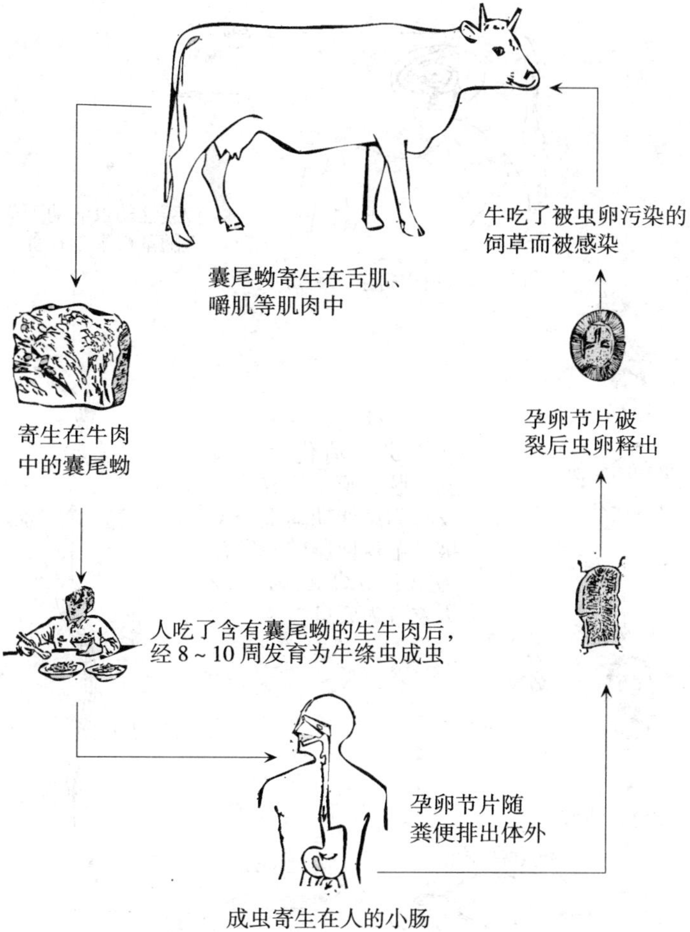

图 6 – 16　牛囊尾蚴发育史

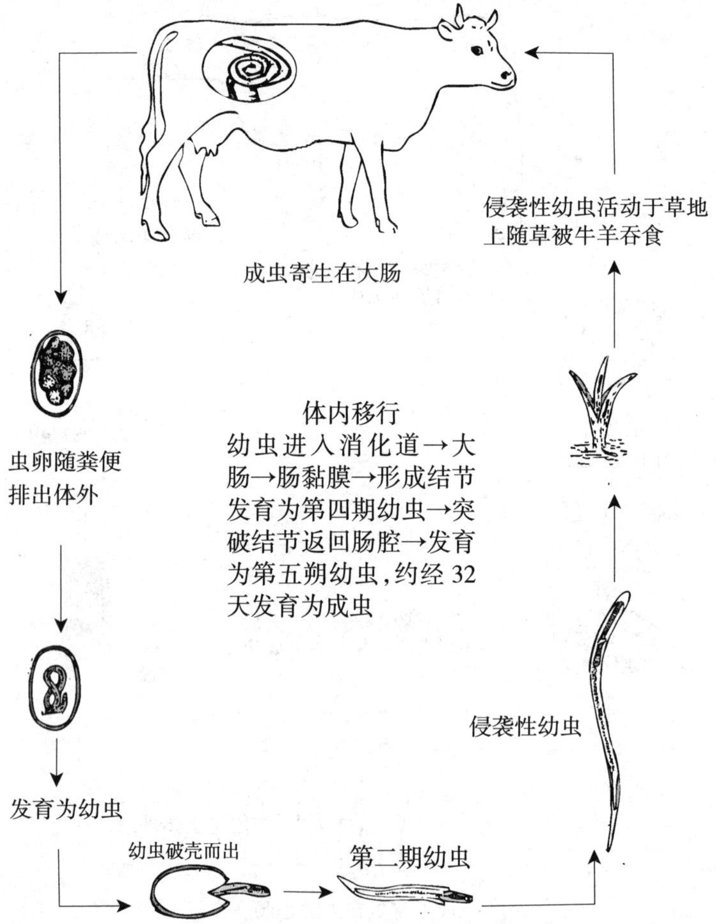

图 6－17　食道口线虫发育史

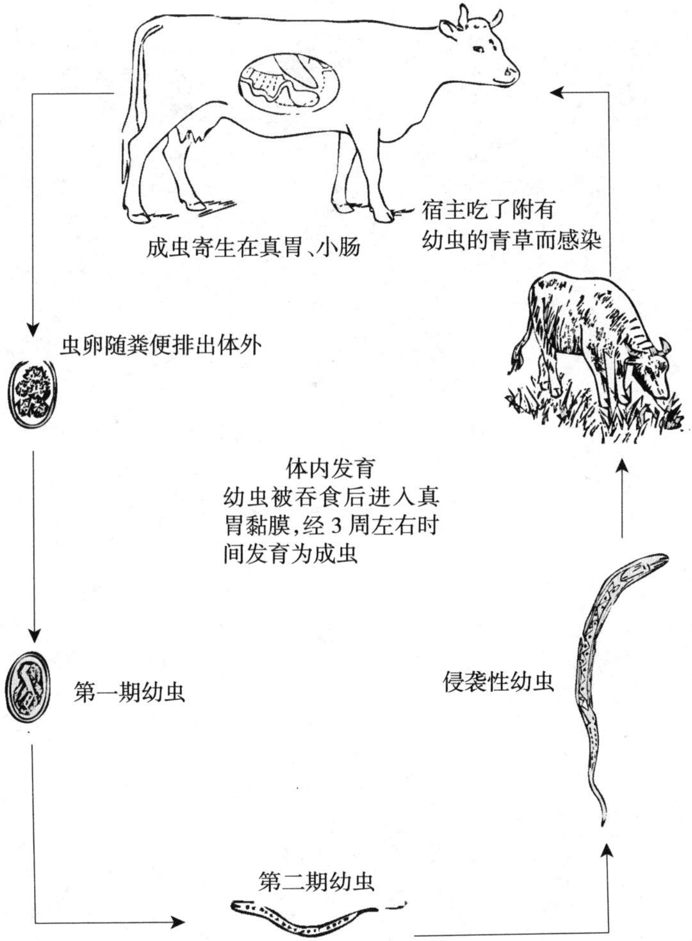

图 6－18　奥斯特线虫发育史

第七章　规模化奶牛场消毒防疫制度化

无公害标准化奶牛业生产，不仅饲养管理要做到标准化，更要建立正确合理的消毒防疫制度。

一、消毒制度

1. 牛舍的消毒：日常预防性消毒

首先是物理性消毒，如清扫、清洗，每日至少一次，经常保持牛舍的整洁、卫生、无粪便堆积，饲槽更要及时清理，不留旧草、旧料。

其次是应用化学药物对牛舍进行定期消毒，一般每月进行2～3次。在出售或调整牛舍时，在腾空牛舍后要及时做好预防性消毒。

常用消毒药有10%～20%的石灰乳、10%的漂白粉，1%的火碱，可使用喷洒或粉刷的办法。化学消毒液用量一般是一平方米用药一升，包括地面和四壁用药。消毒完毕，打开门窗，清水刷洗饲料槽和水槽。封闭良好的牛舍也可以用熏蒸法消毒。每立方米空间用福尔马林25毫升，水12.5毫升，高锰酸钾25克。先将福尔马林与水混合，装入金属容器中。移出牛，关闭门窗，再向容器中倒入高锰酸钾，用木棒搅拌到开始产生蒸汽，人员迅速撤离，以免甲醛中毒。经12～24小时后打开门窗，通风30分钟至1小时，人或牛方可进入。千万不能带牛消毒。

2. 牛舍的临时紧急消毒

因发生某种传染病而进行的紧急消毒。根据疫病的特点，选择最有效的和适宜的消毒药及应用浓度。

3. 终末消毒

因发生某种传染病而被封锁、隔离的疫区、畜舍等。在结束隔离封锁后要进行最后一次消毒处理。

牛疫病常用消毒药 （单位:%）

传染病名	漂白粉	福尔马林	氢氧化钠	石灰乳	草木灰
炭疽	5	4	10	–	–
结核病	5	3	3	20	–
布氏杆菌病	2.5	2	2	20	–
口蹄疫	2	1	2	20	20 – 30
沙门氏菌病	2 – 5	2	4	20	–
大肠杆菌病	3	–	4	20	–
牛肺疫	2	1	2	20	20 – 30

4. 地面土壤消毒

病畜的排泄物（粪、尿）、分泌物（鼻液、唾液、乳汁、阴道分泌物）内常含有多量的病原微生物，这些排泄物、分泌物可污染地面和土壤。为了防止传染病的继续发生和蔓延传播，要对被污染地面和土壤进行消毒。

消毒土壤表面的消毒药很多，可选用廉价易得的消毒药，如含2.5%有效氯的漂白粉溶液、4%福尔马林或10%氢氧化钠溶液。

被芽孢杆菌（炭疽、气肿疽）污染的地方，要严格加以消毒处理首先用含 2.5% 有效氯的漂白粉溶液喷洒地面，然后把表层土掘起 30 厘米，撒上干漂白粉与土混合加水湿润后，原地压平。

其他传染病所污染的地面和土壤消毒：如为水泥硬化地面、用消毒液仔细冲洗；如为土壤；深翻 30 厘米撒上干漂白粉（1 平方米用 0.5 千克）并以水湿润、压平；小面积的一般传染病污染，可应用化学消毒剂喷洒。

5. 畜体消毒

畜体消毒可用福尔马林、来苏儿水溶液擦洗、刷拭畜体。畜体消毒时要注意气候变化，以防牛只感冒或受冻。

现也使用阳性肥皂液对畜舍空气和畜体表面进行平面喷雾消毒。

搬运患畜或疑似患畜的尸体及其污染物时，要用浸有石碳酸液、福尔马林、来苏儿液的布块将自然孔和其他可能流出液体的部分堵好，防止污物漏出。最后还要用这些药品浸过的塑料布、编织布等将尸体包扎起来。

如有排出的粪尿残留物，都需要在适当的地方将其焚烧或消毒；残留有污染物的地方用来苏儿液或用二氯异氰尿酸钠溶液（为含氯消毒剂）喷洒消毒。

6. 粪便消毒

病畜粪便中常含有大量病原微生物，会污染环境，成为传染源，因此对粪便应做相应的消毒处理。

（1）焚烧法：焚烧是消毒一切病原微生物最有效的方法。根据粪量多少挖一个 75 厘米深的坑，用木材焚烧。

（2）化学药品消毒：常用含有 2.5% 有效氯的漂白粉、20% 石灰乳或 5% 氨水喷洒，拌匀堆放 4 小时以上，不影响肥效且有增效作用。

(3)掩埋法:将病畜粪便与漂白粉或新鲜生石灰混合后深埋于地下 2 米。

(4)生物热消毒法

发酵池法:建沼气池,同时消毒粪便,经过 1 ~3 个月掏出作肥料。

堆粪法:当粪便稀薄时加些干草,太干时加稀粪或水,使其保持适当的湿度,迅速发酵。上面覆盖 10 厘米厚的泥土,拍实。三周以上即达到消毒沤粪的目的。

7. 车船消毒

如装运健康畜及其产品的车船,一般清扫后,用 60° ~70°热水喷洒即可。如装运一般病菌污染的畜禽及其产品的车船,除清扫、水洗之外,还要用含 2.5% 有效氯的漂白粉或 4% 苛性钠消毒。如果是装运过被带芽孢病原微生物所污染的患畜及其产品的车船,先用消毒液喷洒,然后机械清除,再用不低于 4% 有效氯的漂白粉或 4% 甲醛液消毒,每平方米用 500 毫升消毒液进行消毒,半小时后再用热水喷洒,之后再进行一次上述药液消毒、粪便焚烧。

8. 污水消毒处理

兽医室、隔离室、病牛舍等病牛接触停留过的地方,经常会排出含有病原微生物的污水,为了全场及周边环境的安全,应对排出的受污染的水进行消毒处理。常用化学药品进行消毒,方法是:先将污水池和出口关好,放入污水,加入漂白粉、生石灰进行消毒,消毒后的水放入渗水井或下水道。

9. 表面消毒

物体表面和地面清洁后,使用 250 毫克/升 ~500 毫克/升的含氯消毒剂擦拭物体表面和拖地,作用 15 ~30 分钟。

10. 空气消毒

在无人条件下,可用紫外线对空气消毒,也可用15%过氧乙酸7毫升/立方米(即纯过氧乙酸1克/立方米)熏蒸消毒,消毒后充分通风后方可使用。

11. 影响消毒效果的因素

影响消毒效果的因素有环境、气候、消毒方法和消毒安全的选择,以及消毒制度和病原微生物抗药性的产生等,所以在消毒前要做好计划,避免不利因素的产生。如制订合理高效的消毒制度,消毒药的交替使用等。

二氯异氰尿酸钠是一种新消毒药,具有广谱、高效、安全的特点,易溶于水,性质稳定,易保存。以1:100或1:200水溶液喷洒畜舍、地面、围栏、笼具,1:400水溶液用于浸泡消毒种蛋、器皿,两法均可杀灭细菌病毒。还有多种新消毒药制剂,临用时选择。

二、建立系统的防疫驱虫制度

1. 疫(疾)病报告制度

饲养人员发现病牛要立即报告兽医人员,兽医人员接到报告后,应马上到现场进行诊断治疗,判断是否有传染病嫌疑,是否需要进行隔离与消毒,遇有重大疫情时兽医人员应立即报告给牛场领导和上级兽医部门。要进一步做化验室相关诊断性试验,如怀疑口蹄疫时要做琼脂扩散沉淀试验和反向间接血凝试验;牛流行热要做间接免疫荧光试验、酶联免疫吸附试验;牛布氏杆菌病做虎红平板凝集试验;牛结核病用结核菌素做皮试等等。

2. 新引进奶牛要建立隔离、观察、检疫制度

3. 病畜隔离治疗

4. 建立对重要传染病如布氏杆菌病、牛结核病、牛副结核病、口蹄疫、流感病毒的监测与控制制度。一年中分春、秋两次定期采

血检疫,及时发现潜在病原,及时处置,如消毒环境、扑杀深埋病畜,以控制疫病的传播、蔓延。

5. 建立严格的出入场区的消毒制度

奶牛场门口设消毒池和消毒室:消毒池的长度应大于车轮周长,深25~30厘米,池内填充锯末,并用5%火碱水浸湿,进出车辆必须经过消毒池。在大门旁设消毒室,地面铺设用来苏儿或克辽林浸湿的铺设毯,顶棚上设紫外线消毒灯,在疫病流行期间,凡进场人员要换一次性防护服。场内工作人员通过消毒室进入更衣室,更换消毒好的工作服。

在每栋牛舍门口设生石灰消毒池,生石灰要按时更换,外来人员进入牛舍要换场内或舍内消毒半腰水靴。

6. 围栏消毒

实行散栏饲养的,每天清扫围栏一次,每月用生石灰水消毒一次,每年用火碱水消毒一次。围栏内的料槽、饮水槽、槽架、饲养工具要勤清洗、勤消毒。

7. 饲养及管理人员,每年体检一次,对患有人畜共患病的如布病、结核病的要调换工作岗位,不能做挤奶、饲养等直接接触奶牛的工作。

8. 定期进行预防疫苗接种制度

规模化奶牛场饲养牛只较多,在进行预防接种时要做到严消毒(器械和注射部位),注苗量和注射部位要准确,不能漏掉一头牛,要按规定保存好各种疫苗,不用过期疫苗、失效疫苗。

目前常用疫苗有:口蹄疫弱毒苗、牛肺疫兔化弱毒苗、布氏杆菌羊型5号苗、猪型2号弱毒苗、19号活菌苗、牛出败氢氧化铝菌苗、牛气肿疽菌苗、第2号炭疽芽孢苗,无毒炭疽芽孢苗、破伤风明矾沉淀类毒素等。

疫苗在使用前，要仔细查看说明，弄清楚疫苗的有效期、保存方法、注射方法、免疫期等相关信息，不能盲目地拿来就用。在向有关单位领取疫苗时，要了解其保存状态、失效时限及常温使用过程的时限。

9. 定期驱虫制度

（1）肝片吸虫的驱除

硝氯酚（拜尔 9015）：本药有粉剂、片剂、针剂三种类型，前两种可以灌服，3～4 毫克/千克体重；针剂注射量为 0.5～1.0 毫克/千克体重。发生中毒时，注射 10% 葡萄糖液或把牛牵到阴凉处，喷洒凉水。

四氯化碳：每 100 千克体重注射 3～5 毫升，注射时四氯化碳与等量液体石蜡混合均匀，分点深部肌肉注射。发生中毒时，静注 5% 氯化钙，一次注射 80～100 毫升。

（2）绦虫的驱除

二氯酚 40～60 毫克/千克体重，均匀混合在饲料中饲喂；灭绦灵（氯硝柳胺）60～70 毫克/千克体重，配成 10% 水悬液灌服，或将药放在舌根处，由牛自己吞咽；吡喹酮 10～15 毫克/千克体重，疗效较好；甲苯咪唑 10 毫克/千克体重；丙硫咪唑 10～20 毫克/千克体重，制成 1% 水溶液灌服。

（3）线虫病的防治

丙硫咪唑 5～10 毫克/千克体重，口服；左咪唑 6～8 毫克/千克体重，口服或肌注；伊维菌素或阿维菌素 0.3 毫克/千克体重，皮下注射或口服。

（4）泰勒氏焦虫的驱除

贝尼尔（三氮咪）3.5～7 毫克/千克体重，制成 7% 水溶液，肌注，连用 3 天；阿卡普林（硫酸喹啉脲）1 毫克/千克体重，用生理盐水制成0.5～1.0%溶液，静注。

（5）牛皮蝇蛆的驱除

倍硫磷：剂量7～10毫克/千克体重，肌肉注射，或配制成浓度2%的药液，按体重200～400千克用药液100毫升、400千克以上用药液125毫升的原则，喷洒在牛肩部到尾根部的皮肤上。遇到中毒时用阿托品解毒。每年9月份用药较好。

伊维菌素皮下注射，有良好治疗效果，用药剂量为0.2毫克/千克体重，皮下注射。在该病流行的地区，在牛皮蝇活动季节，可用1%～2%的敌百虫对牛体进行喷洒，每隔10天进行一次，可以杀死产卵的雌虫或由卵孵出的幼虫。

（6）驱虫注意事项

①新购进的牛（肥育牛、奶牛、后备牛）进场10～15天后，都要驱虫。用阿维菌素（伊维菌素）可以同时驱杀内外寄生虫，一般用药剂量0.2毫克/千克体重，皮下注射。

②驱虫时要做好解毒药的准备工作。

③在进行大群驱虫时，应先做小群试验性驱虫。

④驱虫后2～3日内的牛粪应单独堆积发酵，用生物热杀灭驱出体外的虫卵、虫体、节片等。

第八章　养殖小区(场)动物卫生防疫制度

为了防止疫病在养殖小区(场)发生和流行,保证畜禽生产顺利进行,促进畜牧业快速、稳步、有序地发展,特制定《养殖小区(场)动物卫生防疫制度》。

一、管理制度

1. 由专职兽医按照《动物防疫法》的各项规定,指导和监督动物防疫措施的落实。

2. 提倡“全进全出”的畜禽流动模式,并建设隔离舍。

3. 建立管理人员、兽医技术人员和饲养员防疫卫生岗位责任制,明确各自职责。

4. 具有与生产能力相适应的消毒、防疫等相关设施。

5. 建立免疫接种、抗体监测、疾病诊疗、检疫、消毒、无害化处理记录等资料档案。记录应保持完整、整洁,并有相关人员的签名。

6. 落实灭鼠、灭蚊、灭蝇措施。

7. 发现疫情或疑似疫情,应立即向当地畜牧兽医部门报告,接受畜牧兽医部门的指导,尽快控制、扑灭疫情。

8. 规范畜禽的引进程序,引进[illegible]必须进行隔离饲养,同时加以疫情监测,经检查确定健康后,方可混群饲养。

9. 畜禽出场必须经所在地兽医部门的检疫员实施产地检疫,凭证上市或运输。

10. 饲养、技术人员每年应进行健康检查,在取得《健康证》后方可上岗工作。

11. 进入养殖小区(场)的人员、车辆、物品必须登记并进行消毒。

12. 要严把饲料关,饲料产地应无疫情、无污染,饲料应无发霉变质,质量稳定可靠。

二、消毒制度

1. 在小区(场)及小区(场)内出入口、每栋畜舍出入口、各畜舍出入通往粪池的必经之路设消毒池。

2. 场内员工经更衣、消毒后才能进入畜舍,工作服、胶鞋、手套要专人使用,定期消毒或清洗,不得带离养殖场。

3. 饲养员不准相互串舍。

4. 畜舍周围环境每 2 ~3 周消毒 1 次。场周围及场内污水池、排粪沟、下水道出口,每月消毒 1 次。消毒池内的消毒药适时更换,经常保持有效。

5. 每批畜禽调出后,畜舍要严格消毒,空舍 1 周后进畜。

6. 定期对畜舍、过道、用具进行消毒。

三、免疫制度

1. 根据本地疫病发生的种类和特点及动物防疫部门制订的免疫程序,适时对畜群进行免疫。

2. 根据国家和本地的有关规定,对重点疫病实施强制免疫,并接受动物防疫监督机构进行的免疫监测、疫病监测和监督检查。

3. 按照有关规定,对牲畜实施免疫标识制度。

4. 免疫用具在免疫前后应彻底清洗和消毒,疫苗应现用现配,剩余或废弃的疫苗以及使用过的疫苗瓶要作无害化处理。

5. 畜禽免疫后必须建立由动物防疫机构统一制作的免疫档案,免疫档案由专职兽医填写和保管。

四、疫病监测制度

1. 必须接受动物防疫机构的疫病监测工作。

2. 发现疫情或疑似疫情,应及时报告当地动物防疫机构。

3. 引进的畜禽必须来自非疫区,隔离观察 21 天以上,健康无病后应针对本场实际情况,进行疫苗补注和重注,经体表消毒后,方可混群饲养。

五、疫情扑灭制度

1. 发现传染病时,应立即采取隔离、消毒等防控措施,同时报告当地动物防疫机构,协助进行诊断、调查疫源,采取有效措施,防止疫情扩散。

2. 严格执行扑灭疫情的有关规定,接受动物防疫监督机构的监督。

3. 不得瞒报、谎报、阻碍他人报告动物疫情,如发现上述情况,按有关规定处理、处罚。

4. 因疫病死亡的动物在当地动物防疫监督机构的监督下做好无害化处理。

5. 在最后一头病畜淘汰或痊愈后,经该传染病最长潜伏期的观察,不再出现新的病例时,并经严格消毒后,可撤销隔离或申请解除封锁。

第九章 OIE(世界动物卫生组织)法定报告疾病

A 类疾病

口蹄疫	Foot and mouth disease
水疱性口炎	Vesicular stomatitis
猪水疱病	Swine vesicular disease
牛瘟	Rinderpest
小反刍兽疫	Peste des petits ruminants
牛传染性胸膜肺炎	Contagious bovine pleuropneumonia
结节性皮肤病	Lumpy skin disease
裂谷热	Rift valley fever
蓝舌病	Bluetongue
绵羊痘和山羊痘	Sheep pox and goat pox
非洲马瘟	African horse sickness
非洲猪瘟	African swine fever
古典猪瘟	Classical swine fever
高致病性禽流感	Highly pathogenic avian influenza
新城疫	Newcastle disease

B 类疾病

多种动物共患病

炭疽病	Anthracnose
伪狂犬病	Aujeszky's disease
棘球蚴病	Echinococciasis/hydatidosis
心水病	Heartwater
钩端螺旋体病	Leptospirosis
新大陆螺旋蝇蛆病	New world screwworm (Cochliomyia hominivorax)
旧大陆螺旋蝇蛆病	Old world screwworm (Chrysomya bezziana)
副结核病	Paratuberculosis
Q 热	Q Fever
狂犬病	Rabies

牛病

牛边虫病	Bovine anaplasmosis
牛巴贝虫病	Bovine babesiosis
牛布氏杆菌病	Bovine brucellosis
牛囊尾蚴病	Bovine cysticercosis
牛生殖道弯曲杆菌病	Bovine genital campylobacteriosis
牛海绵状脑病	Bovine spongiform encepHalopathy
牛结核病	Bovine tuberculosis

嗜皮菌病	DermatopHilosis
地方流行性牛白血病	Enzootic bovine leukosis
出血性败血症	Haemorrhagic septicaemia

牛传染性鼻气管炎,传染性脓疱性阴户阴道炎
Infectious bovine rhinotracheitis/infectious pustules vulva vaginitis

恶性卡他热	Malignant catarrh fever
泰勒氏虫病	Theileriosis
毛滴虫病	Trichomoniasis
锥虫病(采采蝇传播)	Trypanosomiasis (tsetse - brone)

绵羊和山羊病

山羊和绵羊布氏杆菌病(不包括羊布氏杆菌)
Caprine and ovine brucellosis (excluding B. Ovis)

山羊关节炎/脑炎	Caprine arthritis/encepHalitis
接触传染性无乳症	Contagious agalactia
山羊传染性胸膜肺炎	Contagious caprine pleuropneumonia

母羊地方性流产(绵羊衣原体病)
Enzootic abortion of ewes (ovine chlamydiosis)

梅迪 - 维斯那病	Maedi - Visna disease
内罗毕病	Nairobi sheep disease
绵羊附睾炎(羊布氏杆菌)	Ovine epididymitis (Brucella ovis)
羊肺腺瘤病	Ovine pulmonary adenomatosis
沙门氏菌病(流产沙门氏菌)	Salmonellosis (S. Abortusovis)
痒疫	Scrapie

马病

马传染性子宫炎	Contagious equine metritis
马媾疫	Dourine
流行性淋巴管炎	Epizootic lympHangitis
马脑脊髓炎(东部和西部)	
Equine encepHalomyelitis (Eastern and Western)	
马传染性贫血	Equine infectious anaemia
马流感	Equine influenza
马巴贝斯病	Equine piroplasmosis
马鼻肺炎	Equine rhinopneumonitis
马病毒性动脉炎	Equine viral arteritis
马鼻疽	Glanders
马螨病	Horse mange
马痘	Horse pox
日本脑炎	Japanese encepHalitis
苏拉病(伊万斯锥虫)	Surra (Trypanosoma evans)
委内瑞拉马脑脊髓炎	Venezuelan equine encephalomyelitis

猪病

猪萎缩性鼻炎	AtropHic rhinitis of swine
肠病毒性脑脊髓炎	Enterovirus encepHalomyelitis
猪布氏杆菌病	Porcine brucellosis
猪囊尾蚴	Porcine cysticercosis
猪生殖和呼吸综合征	
Porcine reproductive and respiratory syndrome	

传染性胃肠炎	Transmissible gastroenteritis
旋毛虫病	Trichinellosis

禽病

禽衣原体病	Avian chlamydiosis
禽传染性支气管炎	Avian infectious bronchitis
禽传染性喉气管炎	Avian infectious laryngotracheitis

禽支原体病
Avian mycoplasmosis (M. gallisepticum)

禽结核病	Avian tuberculosis
鸭病毒性肠炎	Duck virus enteritis
鸭病毒性肝炎	Duck virus hepatitis
禽霍乱	Fowl cholera
禽痘	Fowl pox
鸡伤寒	Fowl typHoid

传染性法氏囊病(甘布罗病)
Infectious bursal disease (Gumboro disease)

马立克氏病	Marek's disease
鸡白痢	Pullorum disease

兔病

黏液瘤病	Myxomatosis
兔出血病	Rabbit haemorrhagic disease
土拉杆菌病	Tularemia

鱼病

地方流行性造血器官坏死	Epizootic haematopoietic necrosis
传染性造血器官坏死	Infectious haematopoietic necrosis
麻苏大马哈鱼病毒病	Oncorhynchus masou vires disease
鲤春病毒病	Spring viremia of carp
病毒性出血性败血症	Viral haemorrhagic septicaemia

软体动物病

波纳米欧病(音译)	Bonamiosis
单孢子虫病	
Haposporidiaisis(H. nelsoni or H. costale)	
马泰氏孢子虫病(音译)	Marteiliosis
小红细胞症	Microcytosis (Microcytos mackini)
拍琴虫病(音译)	Perkinsosis

蜂病

蜂螨病	Acariasis
美洲幼虫腐臭病	American foulbrood
欧洲幼虫腐臭病	European foulbrood
蜂孢子虫病	Nosemosis of bees
瓦螨病	Varroosis

其他动物病

利什曼病	Leishmaniosis

后 记

进入21世纪,我国的奶牛养殖业和乳业发生了根本性变化。以内蒙古自治区土默特右旗为例,1998年全旗仅有不足千头奶牛,一家民营乳品厂。从2001年开始,不到三年时间,全旗黑白花奶牛猛增至十几万头。发展速度惊人,形势更逼人。

这么多奶牛怎么养? 病了谁来治? 挤下奶卖给谁? 一连串的问题摆在政府、农民、技术人员面前。

在这种形势下,我受该旗农牧局和几个乡镇的邀请,先是走村入户、办学习班,讲授奶牛饲养管理的知识与技术,积极诊治奶牛疾病。高产奶牛病多病杂,对从未见过高产奶牛的农民更是一大难题。在这种情况下,政府又聘我在党校中专班讲课,在广播电台讲了三年奶牛饲养管理技术与奶牛常见病防治。

据农民反映:"你讲的知识,记不住,用不上,最好再编成书,给我们发下来,遇到问题有查找处。"为了满足奶农的需要,我在已有讲案的基础上,搜集整理了更多、更新、更全面的相关资料,翻阅了多种相关技术书籍,结合自己几十年养牛治病的经验,着手编著本丛书。

奶牛养殖与医疗是科技工作,有很强的科学性与实用性。科技在不断进步,我们为奶农或规模奶牛养殖企业提供的资料与技术必须是最新的知识和技术。当然成熟可靠的理论与知识还必须能应用于实践,二者不可偏废。新技术是在旧技术的基础上发展形成的。

本丛书的编写过程也是见证我区奶牛养殖发展的过程。奶牛养殖业由分散向集中规模化发展,要求的相关内容不只是助产、剥胎衣等一般性的知识,还包括规模化奶牛场的建设、管理、经营、疫病控制技术和无公害奶牛生产技术发展。这就要求在总结经验的基础上,不断增加新内容、新资料,适应新形势,以提高时效性与实用性。

本书内容繁简有序,有的问题叙述得较细,从理论到实用技术,内容全面而深入;有的问题如不常见的奶牛疾病等则简明扼要。每册都有一个重点。

本丛书参考、吸收了多种专业书籍、文献的内容,集中了许多人的智慧与劳动成果,也受到同行的鼓励与帮助,在此一并致谢!

本丛书的出版,得到内蒙古人民出版社的大力支持,在此表示由衷地感谢!

由于我们才疏学浅,错谬之处在所难免,恳望同行及读者不吝赐教,给予批评、指正,以便再版时修正。

作者

2014 年 10 月

主要参考书目

1.《牛病学》，李培元等编，吉林人民出版社，1982 年出版

2.《畜牧业经营管理》，中央农业广播电视学校教材，2003 年出版

3.《奶牛乳房炎与日粮营养》，李振编，山东临沂师范学院，2005 年出版

4.《奶牛高效饲养新技术》，徐照雪、薛允平编

5.《奶牛全混合日粮（TMR）生产技术规范与饲养工艺》刘亚男编，中国奶牛，2007 年出版

6.《养牛学》，陆跃辉编，职业中学校教材

7.《无公害奶牛标准化饲喂技术》，中国农业部部颁

8.《高产奶牛饲养管理规范》，中国农业部

9.《内蒙古农牧业技术推广与应用》，内蒙古农牧业厅科教处，2012 年出版

10.《家畜内科学》，西北农业大学编，农业出版社，1986 年出版

11.《中兽医学》（内部试用），华北农业大学，中国人民解放军兽医大学，1975 年出版

12.《家畜病理学》，内蒙古农牧学院主编，农业出版社，1984 年出版

13.《家畜传染病学》,(匈)胡体拉著,盛彤笙译,科学出版社,1964 年出版

14.《家畜育种学》,内蒙古农牧学院,农业出版社,1980 年出版

15.《家畜环境卫生学》,东北农业学院,农业出版社,1983 年出版

16.《实用抗菌素学》,戴自英主编,上海人民出版社,1977 年出版

17.《家畜寄生虫学》,南京农学院,上海科技出版社,1981 年出版

18.《家畜寄生虫图谱》,邱汉辉编,江苏科学技术出版社,1983 年出版

19.《兽医微生物学》,甘肃农业大学

20.《家畜寄生虫与侵袭病学》,北京农业大学主编,农业出版社,1962 年出版

21.《家畜产科学》,甘肃农业大学,农业出版社,1980 年出版

22.《家畜解剖学》,(英)赛普提摩斯,谢逊著,张鹤宇等译,科学出版社,1972 年出版

23.《家畜生理学》,(美)M · J 斯文森主编,华北农业大学译,科学出版社,1978 年出版

24.《兽医药理学》,华南农业学院,农业出版社,1988 年出版

25.《家畜传染病学》,南京农学院主编,上海科学出版社,1981 年出版

26.《中华人民共和国药典》(中草药及其制品),1977 年出版

27.《家畜饲养》,王文元等编,内蒙古人民出版社,1999 年出版

28.《中兽医治疗学》,中国农业科学院,1962 年出版

29.《中国兽药标准汇编》,2012 年出版

30.《元亨疗马集》
31.《中药方剂学》,聂富成编,1993 年出版
32.《现代乳牛学》,邱怀主编,2003 年出版
33.《实施奶牛场良好农业规范》,李栋等编
34.《中国畜牧业年鉴》,2010 年出版
35.《奶牛营养需要》,美国 NRC2002 年版,中国饲料工业协会译
36.《配合饲料大全》,李复兴编
37.《中国饲料成分及价值表》
38.《NY/T34 -2004 奶牛饲养标准》
39.《中国乳业》,中国农科院文献信息中心,农业部情报所
40.《中国奶牛》,中国奶业协会,双月刊
41.《饲料博览》,黑龙江省饲料工业协会,东北农业大学,1988 创刊
42.《当代畜禽养殖业》,内蒙古畜牧业杂志社,多期
43.《中国畜牧杂志》,中国畜牧兽医学会
44.《中国兽医杂志》,中国畜牧兽医学会,中国农业大学出版
45.《兽医导刊》,中国动物预防控制中心等单位,多期
46.《现代奶牛养殖综合技术》,熊家军等编著,2011 年出版
47.《奶牛繁育技术手册》,王洪忠主编,内蒙古人民出版社,2005 年出版
48.《奶牛养殖手册》,王洪忠主编,远方出版社,2004 年出版
49.《动物防疫人员培训指南》,郝斗林主编,远方出版社,1999 年出版
50.《实用奶牛疾病学》,巴开明主编,内蒙古人民出版社,2002 年出版

51.《家畜内科学》,(匈)胡体拉等著,科学出版社,1965 年出版

52.《家畜外科学》,北京农业大学编,农业出版社,1988 年出版

53.《动物遗传学》,北京农业大学编,农业出版社,1988 年出版

54.《兽医临床诊断学》,东北农业大学编,农业出版社,1988 年出版

55.《中国奶牛》,易明梅著,上海交通大学,2007 年出版

56.《企业财务管理》,天津财经大学,2011 年出版

57.《执业兽医资格考试应试指南》,中国兽医协会组织编,中国农业出版社 2014 年 4 月出版